中国干旱半干旱区灌丛沙丘形成演化及其对环境变化的响应

王训明　李晋昌　郎丽丽　著

国家杰出青年科学基金项目（41225001）资助

科学出版社

北　京

内 容 简 介

　　本书是作者近十年来关于中国干旱半干旱区灌丛沙丘研究成果的总结。全书共 8 章，基于年代测定和环境代用指标的分析，系统论述了我国塔克拉玛干沙漠、阿拉善高原、坝上高原和毛乌素沙地灌丛沙丘形成发育过程与环境变化的关系，揭示了这些区域几个世纪以来的水分条件、风沙环境和沙漠化过程等气候环境变化历史。本书成果不仅有助于完善风沙地貌学和沙漠化科学理论，而且对丰富全球变化领域的研究具有重要意义，也可为区域开发和治理提供可靠依据和借鉴。

　　本书可供地理、地质、环境、生态、防沙治沙和国土规划等部门的科研人员使用，也可作为地理、荒漠化防治等相关专业师生的参考书。

图书在版编目（CIP）数据

中国干旱半干旱区灌丛沙丘形成演化及其对环境变化的响应 / 王训明，李晋昌，郎丽丽著. —北京：科学出版社，2017.6
　　ISBN 978-7-03-053074-5

　　Ⅰ.①中…　Ⅱ.①王…　②李…　③郎…　Ⅲ.①干旱区-沙丘-研究-中国　Ⅳ.①P942.073

中国版本图书馆 CIP 数据核字（2017）第 121650 号

责任编辑：祝　洁　白　丹 / 责任校对：赵桂芬
责任印制：张　伟 / 封面设计：迷底书装

科 学 出 版 社 出版
北京东黄城根北街 16 号
邮政编码：100717
http://www.sciencep.com
北京教图印刷有限公司 印刷
科学出版社发行　各地新华书店经销
*
2017 年 6 月第　一　版　　开本：720×1000　B5
2017 年 6 月第一次印刷　　印张：9 3/8　插页：2
字数：190 000

定价：80.00 元
（如有印装质量问题，我社负责调换）

前　言

灌丛沙丘是风沙流被灌丛阻挡后，沙物质在灌丛内部及其周围堆积而成的风积生物地貌类型，是风力作用下沙物质近距离运动的产物。灌丛沙丘广泛发育于全球大部分干旱半干旱地区，其中，北美洲、南美洲、非洲和中东地区均有大规模分布。在我国，超过 7%的广阔沙漠、沙地和沙漠化土地中也有大范围灌丛沙丘的存在，是主要风沙地貌类型之一。就其分布而言，灌丛沙丘是风沙地貌研究的重要内容。

随着风沙地貌、沙漠化及全球变化研究的深入，对灌丛沙丘的研究在国内外受到越来越多的关注，但主要集中在形态描述、空间格局、沉积物理化特征、生态特性和生态功能，以及气流和风沙流控制下的形态动力学过程方面。然而，灌丛沙丘形成发育除与风况、沙源和植被有关外，还受地形地貌、降水和地下水等因素影响，因此灌丛沙丘包含了丰富的区域环境变化信息。在大多数区域，即使在风沙活动最强的季节，植被覆盖度较高的灌丛沙丘表面也很少有风蚀现象发生，即从雏形至发育成熟，其内部沉积相对连续，独特的发育和沉积特征使其成为研究干旱半干旱地区风沙活动、干湿状况、水文特征和生态环境及其演化的理想载体。此外，由于与戈壁、干涸河道和干湖盆动态变化密切相关，干旱半干旱地区灌丛沙丘形成发育过程也记录了区域地貌演化历史。因此，对灌丛沙丘形成发育及其与环境变化间关系的研究不仅有助于完善风沙地貌学和沙漠化科学理论，而且对丰富全球变化领域的研究具有重要意义。

全书共 8 章，分区域分别论述我国塔克拉玛干沙漠、阿拉善高原、坝上高原和毛乌素沙地灌丛沙丘形成发育过程与环境变化的关系。全书由王训明统稿，各章编写分工如下：

第1章　绪论　王训明执笔

第2章　研究区自然环境特征　李晋昌、郎丽丽执笔

第3章　灌丛沙丘沉积物的测试方法和内容　郎丽丽执笔

第4章　塔克拉玛干沙漠灌丛沙丘形成发育及其对环境变化的响应　王训明执笔

第5章　阿拉善高原灌丛沙丘形成发育及区域环境变化重建　王训明执笔

第6章　坝上高原灌丛沙丘形成发育及其对沙漠化的指示　郎丽丽执笔

第7章　毛乌素沙地灌丛沙丘形成发育揭示的区域风沙活动变化　李晋昌执笔

第8章　主要结论与展望　郎丽丽、李晋昌执笔

感谢中国科学院西北生态环境资源研究院董治宝研究员、李孝泽研究员提供的实验条件；感谢北京师范大学邹学勇教授、哈斯教授在本书写作过程中的指导；感谢中国科学院西北生态环境资源研究院张彩霞、花婷、刘冰等助理研究员在野外和实验分析中的帮助；感谢国家杰出青年科学基金项目（41225001）对本书的资助。

由于成稿时间仓促及作者水平所限，书中不足之处在所难免，恳请读者批评指正。

目　　录

彩图

第1章 绪 论

灌丛沙丘（灌丛沙堆、灌丛沙包、灌草丘）是风沙流被灌丛阻挡后，沙物质在灌丛内部及其周围堆积而形成的一种风积生物地貌类型（Khalaf and Al-Awadhi，2012；刘冰等，2007；Tengberg and Chen，1998），是风力作用下沙物质近距离运动的产物（Khalaf et al.，1995；Langford，2000；Wang et al.，2010b）。灌丛沙丘形成发育除与风况、沙源和植被有关外，还受地形地貌、降水和地下水等因素影响（Wang et al.，2010b，2006b；王涛，2003；Tengberg and Chen，1998），因此灌丛沙丘包含了丰富的区域环境变化信息。在大多数区域，植被覆盖度较高（如大于14%）的灌丛沙丘即使在风沙活动最强的季节，表面也很少有风蚀现象发生（Kuriyama and Mochizuki，2005；Wiggs et al.，1995；Pye and Tsoar，1990），即从雏形至发育成熟，其内部沉积相对连续（Wang et al.，2010b，2008b，2006b），独特的发育和沉积特征使其成为研究干旱半干旱地区风沙活动、干湿状况、水文特征和生态环境及其演化的理想载体。此外，由于与戈壁、干涸河道、干湖盆动态变化密切相关，干旱半干旱地区灌丛沙丘形成发育过程也记录了区域地貌演化历史。例如，通过对沉积物粒度、碳酸盐含量、总有机碳（TOC）含量、总氮（TN）含量和有机碳同位素（$\delta^{13}C$）等指标解析，Wang 等（2010b，2008b，2006b）重建了阴山北麓和阿拉善高原风沙环境演化史，探讨了区域水分条件及物源等变化；Seifert 等（2009）通过对灌丛沙丘不同方位物源丰度研究，探讨了美国中南部古风向变化；Xia 等（2005）和赵元杰等（2011b）利用 TOC 含量、TN 含量、C/N 值和有机残体 $\delta^{13}C$ 等代用指标，结合柽柳灌丛沙丘年纹层，重建了罗布泊地区近百余年气候冷/暖、干/湿变化过程。在草原农垦区，灌丛沙丘是农田土壤风蚀的产物，它的出现是区域土壤风蚀和沙漠化发生的主要标志（Li et al.，2014；Quets et al.，2013），其发育过程也与草原开垦过程有关，是判断土地沙漠化程度的直接标志之一（Tengberg，1995）。因此，对灌丛沙丘形成发育及其与环境变化间关系的研究，不仅有助于完善风沙地貌学和沙漠化科学理论，而且对丰富全球变化领域的研究具有重要意义。

1.1 灌丛沙丘分布与形态特征

1.1.1 灌丛沙丘分布特征

灌丛沙丘广泛发育于全球大部分干旱半干旱和亚湿润地区的冲积扇前缘（潜

水位深 1～3m）（King et al., 2006; Wang et al., 2006b; Parsons et al., 2003）、退化草地和农田、荒漠绿洲过渡带、农牧交错带、沙漠边缘和深入到沙漠中的河流两岸、冲积平原、湖盆洼地、干三角洲、干河床沿岸（潜水位深 2～5m）及部分沙质海岸带（武胜利等，2008，2006; Qong et al., 2002; Dong, 2001），在海拔 4000～5000m 以上的高山河谷、高原盆地等高寒荒漠地区也有分布（吴正，2003; 朱震达，1999，1998），甚至是人类活动负面影响（如过垦、过牧）严重的一些干旱与半干旱荒漠地区唯一的风积地貌（岳兴玲等，2005）。上述区域不仅水分和植物生长条件较好（武胜利等，2006），也具有大量易侵蚀物质，为灌丛沙丘发育提供了有利条件（Xia et al., 2005; Qong et al., 2002; Khalaf et al., 1995; Hesp, 1981）。灌丛沙丘在美国西南部（Seifert et al., 2009; Parsons et al., 2003; Langford, 2000; Rango et al., 2000）、非洲（Dougill and Thomas, 2002; Tengberg and Chen, 1998; Tengberg, 1995; Nickling and Wolfe, 1994）和中东（El-Bana et al., 2003; Khalaf et al., 1995; Warren, 1982）均有大规模存在，也是我国主要的风沙地貌类型之一（彩图 1）（朱震达，1998，1999），覆盖全球大约 5%的陆地面积（Thomas et al., 2005）。就其分布而言，灌丛沙丘也是风沙地貌研究的重要内容。

1.1.2　灌丛沙丘形态特征

灌丛沙丘可孤立分散分布，也可集聚成群分布（彩图 1），可能与灌丛类型有关，如柽柳多孤立分布而白刺多集聚成群分布。灌丛沙丘典型形态是一个凸起沙包，丘顶浑圆，坡度较缓（图 1.1）(岳兴玲等，2005)，除早期盾形和晚期不规则形态外，大体可划分为圆锥形、半球形和穹状等三类。垂向生长、分枝少、植株密度高的灌丛常形成较高的近似圆锥形的沙丘，匍匐生长、分枝少、植株密度低的则常形成相对较矮近似半球形或穹状的沙丘（Hesp, 1981）。例如，在南非南部海岸，勋章菊（*Gazania rigens*）和海滩雏菊（*Arctotheca populifolia*）分别形成圆锥形和半球形灌丛沙丘（Hesp and Mclachlan, 2000）；在科威特北部海岸，白刺（*Nitraria retusa*）和碱蓬（*Suaeda vermiculata*）等灌丛沙丘在形态上普遍具有穹状特征（Khalaf et al., 2014，1995）；在塔里木盆地，柽柳灌丛沙丘形态为半球形，芦苇和骆驼刺灌丛沙丘则为半椭球体（武胜利等，2008)。此外，不同发育阶段灌丛沙丘也具有不同形态。例如，朱震达和陈广庭（1994）通过风洞模拟实验指出在单一风向作用下，灌丛沙丘形态经历了直线型沙条—等腰三角形沙嘴—剖面为流线型的卵形沙堆—近似圆形/椭圆形沙堆四个阶段，具体如下：①实验开始后，在灌丛下风向形成长度为灌丛本身宽度数十倍的沙条，即为沙条阶段；②由于风影区内沙粒堆积和影区外的风蚀作用，沙条逐渐缩短，并形成平面形态呈等腰三角形的沙嘴；③沙嘴继续缩短，高度增加，形成具有沙丘形态特征的雏形灌丛沙丘；④雏形灌丛沙丘高度不断增长，最后发育为近似圆形/椭圆形的沙丘。

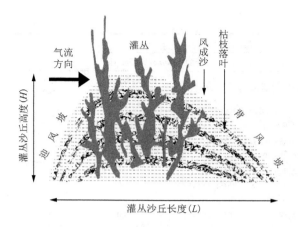

图 1.1　灌丛沙丘形态学特征

　　灌丛沙丘高度主要受演化阶段、植被类型、沙源丰富程度及水量供需平衡影响（Wang et al.，2010b；Tengberg and Chen，1998；Rhodes and Pownall，1994），如小叶锦鸡儿形成的灌丛沙丘高度为 0.4～1.8m，白刺形成的为 0.13～4.5m，柽柳形成的为 1～15m（杜建会等，2010），主要与其丛冠高度有关（Khalaf et al.，1995）；不同演化阶段的高度表现为衰退阶段>稳定阶段>增长阶段，主要与该演化阶段的植被特征及其侵蚀堆积平衡有关（武胜利等，2008；杜建会等，2007）（表 1.1）。一般而言，在大多数地区，如科威特、西奈半岛（埃及）、突尼斯、马里、布基纳法索、南非—博茨瓦纳的 Molopo 盆地、博茨瓦纳、美国新墨西哥州、美国—墨西哥的 Mesilla 盆地、冰岛和澳大利亚等，灌丛沙丘高度基本在 5m 以内。在一些区域几个灌丛沙丘一起生长形成聚合沙丘，这些聚合沙丘经常形成圈或者在下风向延伸形成链（王涛，2003；Lancaster and Baas，1998；Tengberg and Chen，1998；Hesp，1981）。通常，灌丛沙丘迎风坡因受到侵蚀而稍显陡峭，植被生长差，背风坡坡度较缓，植被生长相对较好（Xia et al.，2005）。

表 1.1　不同地区、不同植被类型下发育的灌丛沙丘形态学特征

区域	下垫面	长度/m	宽度/m	高度/m	样本数
小叶锦鸡儿（*Caragana microphylla*）					
阴山北麓地区	农田、草地（Wang et al.，2006b）	1.0～5.0	—	0.4～1.8	—
	草原农垦区（岳兴玲等，2005）	?～14.0（2.70）	?～14.0（2.70）	?～2.0（0.40）	—
鄂尔多斯地区	戈壁（Zhang et al.，2011）	0.6～2.0（0.80）	0.5～1.8（0.50）	0.2～0.6（0.20）	185

续表

区域	下垫面	长度/m	宽度/m	高度/m	样本数
柽柳（*Tamarix chinesis*）					
阿拉善高原	戈壁、沙漠（刘冰等，2008）	0.7～46.5 （5.74）	0.5～20.5 （3.48）	1.05～8.5 （1.76）	245
	干河床、耕地（Wang et al.，2008b）	6.0～10.0	—	3.0～10.0	—
	干河床、干盐湖（Wang et al.，2010b）	2.0～6.0	—	2.0～9.0	—
塔里木盆地	沙漠边缘、河道两岸、古河道（Qong et al.，2002；Xia et al.，2005）	5.0～50.0	—	3.0～15.0	—
	河漫滩、冲积扇（Li et al.，2010；Wu et al.，2009）	1.3～25.0 （8.95）	1.2～25.0 （8.52）	0.2～9.4 （3.34）	223
新疆艾比湖地区	入湖口、泉水区、山麓冲积扇（李万娟，2009）	6.4～36.0 （16.42）	2.9～19.2 （9.00）	0.8～3.0 （1.66）	≥20
白刺（*Nitraria tangutorum, N. sphaerocarpa, N. retusa*）					
河套地区	草原农垦区（岳兴玲等，2005）	?～30.0 （10.00）	?～30.0 （10.00）	?～3.0 （1.30）	
鄂尔多斯地区	荒漠草地（张萍等，2008）	3.3～37.0 （8.88）	2.2～17.0 （6.44）	0.2～2.8 （1.02）	68
腾格里沙漠地区	沙漠边缘（湖盆、山前冲积扇）（贾晓红和李新荣，2008）	—	—	0.2～3.6	～180
河西走廊地区	绿洲荒漠带（杜建会等，2008）	0.7～7.0	0.4～6.5	0.1～1.3	24
	绿洲边缘（沙漠）（张萍等，2008；李秋艳等，2004）	1.1～13.0 （4.11）	0.7～7.2 （3.07）	0.1～2.5 （0.80）	101
	绿洲边缘（戈壁）（张萍等，2008；李秋艳等，2004）	0.6～6.2 （2.30）	0.5～3.8 （1.70）	0～0.7 （0.31）	142
	荒漠绿洲过渡带（何志斌和赵文智，2004）	—	—	0～1.2 （0.18）	
新疆艾比湖地区	湖边戈壁、山前平原、沙砾地（刘金伟等，2009）	2.4～15.6 （6.10）	1.2～12.8 （4.22）	0.2～2.0 （0.88）	>60
科威特	滨海盐滩（Khalaf et al.，1995）	4.1～29.9 （18.43）	—	0.6～1.8 （1.02）	18
其他植被类型					
塔里木盆地	河漫滩、冲积扇（Li et al.，2010；Wu et al.，2009）	2.4～12.8 （5.71）	1.8～9.4 （4.45）	0.4～2.4 （1.15）	120
		1.1～6.4 （1.95）	0.6～4.7 （1.38）	0.1～1.1 （0.37）	123
新疆艾比湖地区	湖边戈壁（李万娟，2009）	1.0～5.7 （2.76）	0.5～3.7 （1.71）	0.1～0.9 （0.41）	—
西奈半岛	湖边沙地（El-Bana et al.，2003）	—（3.67）	—（2.51）	—（1.16）	30

续表

区域	下垫面	长度/m	宽度/m	高度/m	样本数
其他植被类型					
Molopo 盆地	草原、农田（Dougill and Thomas，2002）	—（1.42）	—（1.11）	—（0.44）	34
		—（5.92）	—（4.34）	—（1.35）	32
		—（4.29）	—（3.16）	—（0.60）	34
美国新墨西哥州	草地（Nield and Baas，2008；McGlynn and Okin，2006）	2.0～10.0	—	<2.4	—
非洲马里地区	三角洲、弃耕地（Nickling and Wolfe，1994）	1.5～17.9（5.45）	0.9～12.5（3.45）	0.4～0.7（0.57）	608
非洲布基纳法索地区	山麓侵蚀面、荒漠草原（Tengberg，1995）	1.1～8.5	—	0.2～1.3	74
		0.7～6.5	—	0.1～1.1	135
Mesilla 盆地	沙漠盆地（Langford，2000）	?～40.0	—	0.2～4.3	—
科威特	海岸（Brown and Porembski，2000，1997）	?～2.5	?～1.0	0.1～0.4	—
	滨海盐滩，古滨海盐滩（Khalaf and Al-Awadhi，2012）	2.1～7.9（4.40）	1.0～3.0（1.87）	0.4～1.2（0.78）	60
		1.1～5.1（2.31）	0.6～1.9（1.17）	0.4～0.7（0.52）	60
冰岛南部	海岸（Mountney and Russell，2006）	0.7～11.9	0.6～7.8	0.1～2.5	～100
澳大利亚	海岸（Hesp，1981）	5～30	—	0.3～0.5	

注："—"表示无数据；括号内数字表示平均值。

1.2 灌丛沙丘形成发育过程

1.2.1 灌丛演替过程

灌丛是灌木占优势的植被类型，其在干旱半干旱区的存在是灌丛沙丘形成的首要条件。全球干旱半干旱区约占陆地总面积的 41%，其中，10%～20%的区域分布有灌丛（Eldridge et al.，2011；van Auken，2000）。灌丛不仅通过覆盖地表、分解风力和拦截风沙来影响灌丛沙丘形成发育，且因其形状、密度和结构等不同影响灌丛沙丘形态。准确认识灌丛演替过程有助于揭示灌丛沙丘形成发育过程。全球干旱半干旱区灌丛主要分布在典型草原区、农牧交错区和干旱荒漠区。

干旱半干旱区灌丛分为原生灌丛和次生灌丛。原生灌丛在长期进化过程中已形成一套完备机制，可适应当地生境（黄海霞等，2010），其在典型草原区和农牧交错区主要分布在地下水位较低、水分条件相对较差地带，在干旱荒漠区主要分布在地下水位较高、水分条件相对较好的地带。次生灌丛存在两种相反的演替过程。第一种是因区域水分条件恶化，草本植物生长受阻而灌木因根系较深在竞争中取胜所致，称为草原灌丛化（Harte et al.，2015），是干旱半干旱草原的普遍现象。该过程中，灌丛主要发育于地下水位较低、水分条件相对较差的草原退化地带，当水分条件恶化到无法满足灌木生长所需最低要求时，灌丛将衰退。第二种是在部分植被严重退化区域，当水分条件好转时，灌丛因适应性较强而先于草本植物发育（赵婷婷等，2014）。该过程中，灌丛主要位于地下水位较高，水分条件相对较好的地带。当水分条件持续好转，草本植物恢复，灌丛则因与草本植物竞争而衰退（赵婷婷等，2014）。野外考察结合已有研究，干旱半干旱区灌丛演替过程总结如图 1.2 所示，水分条件是控制该过程的关键因素（Wang et al.，2015；Li et al.，2013）。

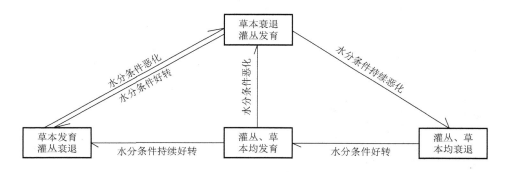

图 1.2　干旱半干旱区灌丛演替与水分条件的关系

1.2.2　灌丛沙丘形成条件与动力

1. 灌丛沙丘形成条件

干旱半干旱区发育或保留适应性较强的灌丛是灌丛沙丘形成的首要条件，上风向沙源的存在是其形成的物质条件，强劲风力是其形成的动力条件，其中，风力连通了沙源与灌丛间的作用。此外，要有效拦截风沙流，灌丛高度最少要在 10～15cm 以上（Hesp，1981）。目前，在灌丛沙丘形成发育过程中起主导作用的三个因素都得到了较为深入的分析。

1）植被的作用

植被是阻碍风沙运动，使沉积物堆积，形成灌丛沙丘的首要条件（Tilk et al.，2011；Zhang et al.，2011；Herrmann et al.，2008；Leenders et al.，2007；Lancaster and Baas，1998；Cooke et al.，1993；Ash and Wasson，1983）。耐沙埋和耐风蚀的特性使植被在强烈的风沙活动中继续生长，成为灌丛沙丘内核，在此基础上沉积物不断加积；而发达的根系可满足植被生长所需的水分等条件，进而导致灌丛沙丘形成。

此外，植被盖度在灌丛沙丘形成发育过程中也有不可忽视的影响，其与风沙活动中沙丘表面堆积或侵蚀关系密切，且两者存在一个临界值，当植被覆盖度大于临界值时，风沙活动中沙丘表面主要发生堆积，固定程度较高，不同地区或不同植被种类这一临界值不同。例如，Wiggs 等（1995）认为，当非洲南部卡拉哈里沙漠地区沙丘体植被盖度达到14%时，堆积将大于侵蚀；澳大利亚等地区植被盖度达30%时，沙丘则处于连续堆积状态（Wang et al.，2008b；Dech and Maun，2006；Kuriyama and Mochizuki，2005；Pye and Tsoar，1990；Ash and Wasson，1983）；而在毛乌素沙地该临界值为40%。此外，干燥的风沙沉积有利于灌丛沙丘内部枯枝落叶保存，并为区域环境变化重建提供信息载体（Xia et al.，2004；Qong et al.，2002）。

　　2）物源变化

　　物源是灌丛沙丘形成的物质条件，包括远源和近源两个部分，但最主要的是来自邻近地区的风成物质。例如，美国—墨西哥 Mesilla 盆地 Phillips Hole 地区分布有大量灌丛沙丘，其主要物源是附近宽阔的平地以及沙丘丘间地（Langford，2000）；在阴山北麓地区，灌丛沙丘主要物源则来自邻近耕地和草地（Wang et al.，2006b）；在阿拉善高原，则来自弃耕地、干河床及戈壁地表（Wang et al.，2008b）。在其他区域，为灌丛沙丘发育提供物源的下垫面各不相同，物源丰富度等也均有一定差异（表 1.1）。

　　3）风力条件

　　区域风沙活动是灌丛沙丘形成的动力基础。一方面，风沙活动使物质得以搬运并沉积于灌丛沙丘表面；另一方面，过于强烈的风沙活动会使灌丛沙丘产生局部活化。在阴山北麓地区，当输沙势大于 410VU（VU 为向量单位）后，灌丛沙丘顶部可能活化，因此较低风能环境有利于灌丛沙丘形成发育（Wang et al.，2006b）。目前，在灌丛沙丘形成发育过程研究中，学者不约而同地强调风力作用。例如，在阿拉善高原，柽柳灌丛沙丘发育的不同阶段风力条件有所变化（Wang et al.，2010b，2008b）；在非洲 Mopti 地区，灌丛沙丘形成与频次较低的东南风系有关（Nickling and Wolfe，1994）；在塔里木盆地，强烈的风沙活动是风成沙—枯枝落叶交互层形成的必要条件（Qong et al.，2002）。

　　植被、沙源和风力三个条件同时具备，灌丛沙丘才能形成。彩图 2（a）和（b）为发育在农牧交错区的灌丛，沙源和植被条件均已具备，但可能因灌丛发育过于密集，导致近地表风力不足而未形成灌丛沙丘。彩图 2（c）和（d）为发育在典型草原区的灌丛，风力和植被条件均已具备，但可能因灌丛周围草本植物盖度仍较高，导致沙源不足而未形成灌丛沙丘。

　　如果风力强度与频度均充分，则灌丛沙丘形成区域既要有良好水分条件满足灌丛发育，又要有干燥地表保证沙源充足。显然，这两个条件构成一对矛盾，这就导致许多灌丛生长旺盛区域因沙源缺乏而不能形成灌丛沙丘[彩图 2（c）和（d）]，而沙源充足地带因水分限制而不能生长灌丛。区域能否形成灌丛沙丘，取决于该区域水分条件和沙源供应能否达到动态平衡。因此，干旱、半干旱区灌丛沙丘仅形成于水分条件和沙源供应易达到动态平衡的区域，如前文提到的荒漠绿洲过渡带、沙漠边缘、深入到沙漠中的河流两岸、冲积扇前缘、冲积平原、湖盆洼地、干河床沿岸、退化草原及部分沙质海岸带等，这些区域不仅水分和植物生长条件较好，也具有大量易侵蚀物质。

　　2. 灌丛沙丘形成动力

　　综合国内外风洞和野外实验，灌丛沙丘形成动力机制可简单描述如下：野外灌丛发育后，其前方和两侧一定范围内虽为气流减速区，但风速仍较高，表现为轻微风蚀，其上方一定范围内为气流加速区，后方一定范围内为弱涡流区和气流明显减速区（Gillies et al.，2014；Cornelis and Gabriels，2005）；越过和穿过灌丛的风沙流迅速从不饱和转为饱和状态，沙物质开始沉积，逐渐形成拖着长尾的雏形风影沙丘；随着沙物质沉积量增加，全通透灌丛变为下部不透风的灌丛沙丘（张萍等，2013），灌丛增加了沙丘表面的粗糙度，既消除了裸露沙丘顶部常见的强风侵蚀区域，其下密上疏的结构也可使背风坡气流减速区范围减小及迎风坡和两侧气流明显减速，造成沙丘顺风向长度缩短而高度和两侧宽度增加，最终演变成垂直投影，为椭圆或近圆形形态（张萍等，2013；Li et al.，2010）。

1.2.3　灌丛沙丘年代序列建立

　　灌丛沙丘年代序列可通过其垂直剖面年代学研究确定，这是揭示其形成发育过程的前提。目前，灌丛沙丘年代学研究主要有纹层计数（赵元杰等，2011a；Xia et al.，2004）、加速器质谱（Accelerator Mass Spectrometric，AMS）^{14}C（Weems and Monger，2012）和光释光（Optically Stimulated Luminescence，OSL）（Forman and Pierson，2003）等定年方法，适用性各不相同，也各有优缺点（表1.2）。虽然灌丛沙丘形成时代较短，但在一定条件下利用OSL测年可实现年代序列建立（Ballarini et al.，2003；Bailey et al.，2001）。由于灌丛沙丘沉积物主要源于邻近地区，搬运距离较短（Khalaf et al.，1995），未必得到充分光晒退，且各地石英亮度不同，因此在某些地区，OSL定年难免有较大误差（Hanson et al.，2009；Rhodes and Pownall，1994）。但对大多数灌丛沙丘而言，沉积体内埋藏的当年生落叶为AMS ^{14}C定年提供了非常优良的材料，借此建立的年代序列相对准确（Weems and Monger，2012；Wang et al.，2010b，2008b）。但在部分场合，由于物种差异或保存不好等因素，部分沙丘中不存在理想的、满足AMS ^{14}C测年的材料。因此，应根据区域实际情况，选用较为合适的定年方法，或不同方法相结合，建立可信的年代序列。

表 1.2 灌丛沙丘不同定年方法的比较

评价	方法		
	纹层计数	AMS ¹⁴C	OSL
优势	计年方法简单、相对准确	误差较小，适合短时间尺度定年	适用于风成沉积的定年
不足	纹层界限模糊或层位缺失则影响定年精度，纹层少见	有机残体埋藏具有局限性	部分样品误差较大，定年精度相对较低

灌丛沙丘春季堆积风成沙，秋季堆积枯枝落叶，其体内理论上存在精度可达到年的风成沙-枯枝落叶交互纹层（图1.3），基于该交互纹层建立灌丛沙丘发育的年代序列即为纹层计数法。这些清晰的年纹层类似于树木年轮、湖泊沉积纹层等，使年代序列的精度可达到年（Xia et al.，2004）。然而，目前仅在我国塔克拉玛干沙漠及罗布泊地区柽柳灌丛沙丘体内发现有纹层存在（Wang et al.，2015；Xia et al.，2005），世界其他区域及其他类型灌丛沙丘体内尚未见报道，可能纹层存在条件极为苛刻，对区域沙源、气候、水文、灌丛类型等均有一定要求，具体存在条件有待进一步研究。

一年后　　　　　　　　　　几年后

图 1.3 柽柳灌丛沙丘纹层形成示意图
Qong et al.，2002

1.2.4 灌丛沙丘形成时代与环境

1. 灌丛沙丘形成时代

除利用纹层计数、AMS ¹⁴C 和 OSL 等定年方法外，近几十年内形成的灌丛沙丘也可通过卫星图片结合野外调查确定其形成时代（Tengberg，1995）。近年研究发现，在缺乏乔木分布的极地、高寒和荒漠地区，部分灌木树种甚至多年生草本均具有可辨识的年轮特征和形成规律，可用来确定种群年龄结构和重建区域高分辨率气候和环境演变历史（Xiao et al.，2014；Liang and Eckstein，2009）。灌丛沙丘形成时代晚于灌丛或与灌丛相同，对形成沙丘的灌木进行树轮年代学研究是否可揭示灌丛沙丘形成时代下限尚不清楚，如果可行，可弥补其他定年方法精度低或适用时间尺度短等部分不足，这在今后值得深入探讨。

根据发育程度，灌丛沙丘被划分为增长、稳定和衰退三个阶段（彩图3），各阶段灌丛沙丘植被、形态和土壤特征均具有明显差别（Luo et al.，2016；Tengberg and Chen，1998）。定年结果显示，大部分现存灌丛沙丘发育于近千年内（表 1.3），超过千年的基本都已处于衰退阶段（靳建辉等，2013；Seifert et al.，2009），可能表明即使无明显人类活动干扰，百年和千年尺度的气候周期变化足以导致灌丛死亡及灌丛沙丘衰退和消亡。

表 1.3　干旱半干旱区灌丛沙丘形成时代与环境

研究区域	形成时代	定年方法	形成环境	沙丘数	参考文献
美国中南部	2400～700 年	OSL	气候干旱	4	Gillies et al.，2014；Seifert et al.，2009
美国 Chihuahuan 沙漠	约 1100 年前	AMS ^{14}C	气候干旱	1	Weems and Monger，2012
塔克拉玛干沙漠南部	200～450 年	AMS ^{14}C	—	3	赵元杰等，2016
蒙古高原东南缘	700～60 年	OSL	水分条件恶化	4	Wang et al.，2006b
罗布泊	约 100 多年前	纹层计数		1	Xia et al.，2004，2005
西非 Mopti 地区	—	—	耕作、放牧、气候干旱	—	Nickling and Wolfe，1994
萨赫勒地区西部	约 50 年前	卫星图片、野外调查	气候干旱		Tengberg，1995

灌丛沙丘形成时代在不同区域间差异较大（表 1.3），一方面可能是由于不同区域环境演化对全球气候变化的敏感程度不同；另一方面是由于环境演化受区域性因素影响所致。研究发现，罗布泊地区处于增长阶段的多个红柳灌丛沙丘均形成于约 100 多年前（赵元杰等，2011a；Xia et al.，2005，2004），但阿拉善高原处于增长阶段、相距 800m 的两个柽柳灌丛沙丘形成时代约相差 200 年（Wang et al.，2010b，2008b），美国中南部残遗灌丛沙丘形成时代为 2400～700 年（Gillies et al.，2014；Seifert et al.，2009），表明同一区域成群分布的灌丛沙丘既可能同时形成，也可能缓慢地逐渐形成。

2. 灌丛沙丘形成环境

区域水分条件恶化时，草本植物衰退，灌丛发育，当水分条件恶化到一定程度时，区域水分条件和沙源供应达到动态平衡，且风力强度与频度均充分，灌丛沙丘开始形成；若区域水分条件和沙源供应达不到动态平衡[彩图 2（c）和（d）]或风力不足[彩图 2（a）和（b）]，则无法形成灌丛沙丘，区域将仅存在如图 1.2 所示的灌丛演替过程。灌丛发育初期，区域水分条件和沙源供应如已处于动态平衡，灌丛与灌丛沙丘可同时出现，如未处于动态平衡，灌丛沙丘何时出现取决于该动态平衡何时形成。

确定灌丛沙丘形成时代后，结合区域气候变化和环境演变研究成果、考古和历史文献资料、国内外具有精确时标的气候曲线及现代水文和气象观测资料、人类社会和经济统计资料、遥感影像资料等，可揭示灌丛沙丘形成时的自然和人为环境。例如，年代学研究结合相关研究成果或资料，灌丛沙丘在美国中南部的形成被认为是全新世中晚期持续的气候干旱所致（Gillies et al.，2014；Seifert et al.，2009），但在西非 Mopti 地区的形成则可能受耕作、放牧和气候干旱共同影响（Nickling and Wolfe，1994）。

在部分植被严重退化区域，当水分条件好转时，也会发育灌丛（图1.2），理论上，灌丛沙丘也可能形成于区域水分条件好转背景下。然而，形成时代研究结合全球变化研究成果和沉积物环境代用指标分析发现，不同区域现存灌丛沙丘均形成于水分条件恶化的环境（表1.3），可能是水分条件好转时发育的灌丛分布密集，导致近地表风力不足，或是灌丛发育后尚未达到可拦截风沙流的高度，周围草本植物即迅速发育，导致沙源不足，具体原因有待进一步分析。

虽然不同区域灌丛沙丘均是在水分条件恶化导致的生态环境退化过程中形成的，但水分条件恶化既可能因气候变化引起（Gillies et al.，2014；Seifert et al.，2009），也可能因不合理的人类活动或两者共同作用导致（Nickling and Wolfe，1994），特别是在人类活动频繁的农牧交错区。因此，不同区域，甚至同一区域分布的灌丛沙丘可能形成于不同环境，对其形成环境的认识必须基于广泛深入的区域性研究。

1.2.5 灌丛沙丘发育模式

根据发育程度，灌丛沙丘被划分为增长、稳定和衰退三个阶段，各阶段灌丛沙丘形态、土壤和植被状况均存在较大差别（彩图3和表1.4）。在野外，可根据这些差别判断灌丛沙丘所处的发育阶段。野外考察也发现，连续分布的同群灌丛沙丘大多处于同一发育阶段（彩图1）。

表 1.4 灌丛沙丘不同发育阶段的形态、土壤、植被状况

发育阶段	形态	土壤	植被状况
增长	圆锥或半球形，形态参数相关性较好	表层以流沙为主，无结皮或有少量分布	灌丛沙丘植被盖度较高，长势较好，沙丘上灌丛枯枝较少；丘间地植被盖度较低，长势较差
稳定	圆锥或半球形，形态参数相关性较好	表层以结皮为主，无流沙或有少量分布	灌丛沙丘和丘间地植被盖度均较高，长势较好，沙丘上灌丛枯枝较少
衰退	半球形或存在风蚀崩塌，形态参数相关性较差	表层以流沙为主，无结皮或有少量分布	灌丛沙丘和丘间地植被盖度均较低，长势较差，沙丘上灌丛枯枝较多

谢国勋等，2015；Khalaf et al.，2014；Tengberg and Chen，1998。

　　野外考察结合已有研究成果，灌丛沙丘发育模式可描述如下：在风蚀与退化严重的沙质土地上首先出现或保留下来适应性较强的灌丛植物，并拦截风沙流搬运的沙粒，灌丛沙丘开始形成并增长（Tengberg，1995）；在增长阶段，沙源比较丰富，灌丛沙丘高和长、宽成正比例增长，水平尺度与高度相关性明显（Weems and Monger，2012；Tengberg and Chen，1998），高度增长速度主要取决于沙源丰富程度和风力强度（Wang et al.，2006b）。发育到一定阶段，由于沙源限制或丘间地—灌丛沙丘系统使流场紊流加强，沙丘侵蚀与堆积达到平衡，此时灌丛沙丘的长宽继续增加，而沙丘高度则达到稳定状态，此外，当风力减弱无法扬起地表沙尘时灌丛沙丘也可处于稳定状态，但处于稳定状态的灌丛沙丘有可能在沙源和风力发生变化后再次增长。当沙源减少甚至枯竭、地下水位下降或灌丛死亡，灌丛沙丘遭受强烈侵蚀，高度逐渐变低，水平尺度继续增加，整个沙丘逐渐趋向消亡。因此，在稳定与衰退阶段，灌丛沙丘水平尺度与高度相关性不显著（Tengberg，1995）。

　　不同地区灌丛沙丘具体发育模式存在差别。例如，阿拉善高原在地表水逐渐消失的早期阶段，只有少量灌丛沙丘分布[图 1.4（a）和（b）]，但随地表水消失和地下水位下降，地表灌丛沙丘开始大量分布[图 1.4（c）]。之后，地下水位显著下降使植被根系无法吸收到足够水分，灌丛沙丘开始衰退，仅在地下水位较高地区有所分布[图 1.4（d）]（Wang et al.，2008b）。阴山北麓地区，在灌丛沙丘起始阶段，强烈风沙活动或降水减少使灌丛沙丘得以形成[图 1.4（e）和（f）]，随后因草原开发等因素，灌丛沙丘大量发育，高度可由 0.4m 增长至 2m[图 1.4（g）]，最后由于沙源限制或水分条件变化，灌丛沙丘逐渐消亡（Wang et al.，2006b）[图 1.4（h）]。

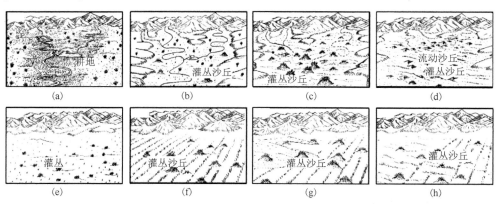

图 1.4　阿拉善高原和阴山北麓地区灌丛沙丘发育模式简图

（a）～（d）为阿拉善高原；（e）～（h）为阴山北麓地区

Wang et al.，2008b，2006b

1.3 灌丛沙丘沉积物指示的环境意义

在缺乏高分辨率气候环境变化载体的干旱、半干旱区，作为植被类风沙堆积体，在植被覆盖度较高的条件下，大多数灌丛沙丘在形成发育过程中沉积连续，为揭示区域环境演化提供了丰富信息。例如，灌丛沙丘沉积物粒度特征和碳酸盐含量变化通常反映了区域物源和风沙环境变化过程（赵元杰等，2009；Wang et al.，2008b）；总有机碳（TOC）含量、总氮（TN）含量和 C/N 值的变化记录了区域植被发育状况，在一定程度上，可以揭示区域冷/暖、干/湿变化历史（Xia et al.，2004；El-Bana et al.，2003）；沉积物中埋藏植物残体的 $\delta^{13}C$ 变化揭示了区域水分条件变化，在气候冷/暖变化方面也有一定指示意义（赵元杰等，2011b；Xia et al.，2005）。

此外，由于自然因素或人为活动破坏了自然生态系统脆弱的平衡，使干旱、半干旱和部分半湿润地区原非沙漠地区出现了以风沙活动为主要标志的类似沙漠景观的环境变化过程，以及在沙漠地区发生沙漠环境条件的强化与扩张过程，称为沙漠化（Wang et al.，2008a；吴正，2003）。从区域沙漠化角度考虑，早期研究认为灌丛沙丘的发育与区域植被退化和人类活动密切相关，指示了区域土地退化（Tengberg，1995；Nickling and Wolfe，1994）。但是，也有研究指出，由于灌丛沙丘自身植被可促成"肥岛效应"等因素，不能将其简单地作为土地退化的指示器（Dougill and Thomas，2002）。另外，在草原农垦区，虽然灌丛沙丘形成可能早于草原开垦，但人类活动确实加速了灌丛沙丘的发育，在气候变化影响的大背景下，灌丛沙丘是人类活动所导致的相关堆积，可以作为判定土地沙漠化程度的指标之一（Wang et al.，2006b）。当灌丛沙丘表面以堆积为主时，也就是沙丘主要处于固定状态时，区域沙漠化发生逆转，反之，则沙漠化发展。

1.3.1 沉积物粒度特征指示的环境意义

目前，灌丛沙丘沉积物粒度特征方面的研究取得了一定进展（表 1.5）。一些研究指出，粒度变化有效地记录了区域物源和（或）风沙环境演变过程。例如，在阴山北麓地区，粒径大于 500μm 颗粒组分含量的变化揭示了区域风沙环境演化史（Wang et al.，2006b）。在阿拉善高原，当灌丛沙丘发育到一定高度，物源粒度组分趋于稳定，粒度变化揭示了区域地表从耕地、干河床到戈壁的演化过程（Wang et al.，2008b）。总体上，沉积物细颗粒组分（<10μm）含量变化记录了物源变化，粗颗粒组分（>100μm）含量变化则指示了区域风沙活动强度变化（Wang et al.，

2010b）。在罗布泊地区，鉴于沙丘内部沉积层之间沉积物粒径频率曲线和概率累积曲线的相似性，一些学者指出不同时期区域沉积环境有相对一致性，但其粗沙含量和中值粒径变化反映了沉积动力的强弱变化（赵元杰等，2009，2007）。在美国中南部，灌丛沙丘不同方位的沉积物粒度特征指示了区域古风向变化（Seifert et al.，2009）。在指征区域气候干/湿变化方面，粒度有时可作为辅助指标，罗布泊地区富含柽柳有机残体的风尘沉积剖面中的粉砂质黏土层则有助于揭示小冰期时期区域相对湿润的气候条件（Liu et al.，2011）。

表 1.5　不同地区灌丛沙丘沉积物粒度和有机残体 $\delta^{13}C$ 的指示意义

研究区	粒度		$\delta^{13}C$ 指示意义
	指标	指示意义	
塔里木盆地 [a]（Xia et al.，2005）	—	—	大气 CO_2 浓度及气候冷/暖、干/湿的变化
塔里木盆地 [a]（赵元杰等，2009，2007）	较粗沙含量和中值粒径	沉积动力强弱变化	—
塔里木盆地 [a]（Liu et al.，2011）	粉砂质黏土层	结合 $\delta^{13}C$ 指征气候变化	气候的干/湿变化
阿拉善高原 [a]（Wang et al.，2008b）	<16μm 细颗粒和>200μm 粗颗粒组分含量	风力变化	—
阿拉善高原 [a]（Wang et al.，2010b）	<10μm 细颗粒和>100μm 粗颗粒组分含量	物源和风沙活动强度的变化	区域水分条件变化
阴山北麓地区 [b]（Wang et al.，2006b）	>500μm 颗粒组分含量	风力变化	—
美国阿肯色州 [c]（Seifert et al.，2009）	63~2000μm 沙组分的含量	古风向变化	—

注：a 为柽柳灌丛沙丘（*Tamarix chinesis*）；b 为小叶锦鸡儿灌丛沙丘（*Caragana microphylla*）；c 为不确定灌丛沙丘。

总体上，在采用灌丛沙丘沉积物作为环境变化的指示器方面，粒度特征是一种有效的代用指标，但也要综合考虑区域环境及沙丘具体演化过程。例如，在沙丘发育过程中，在风沙活动以及环境变化中（如地下水位和植被覆盖等变化），物源有一定改变，而这在反演区域环境演变研究中应充分考虑。另外，随着灌丛沙丘不断发育，高度增加，粗颗粒组分通过跃移等方式搬运至沙丘顶部的能力逐渐减弱（Dong et al.，2005；Lancaster，1995；Anderson，1991；White et al.，1976；Bagnold，1941），这就导致了灌丛沙丘自形成初期至发育成熟阶段，虽然区域风沙活动并没有减弱，甚至在加强的情况下，产生了沉积物粒度逐渐减小的效应。因此，在物源没有显著变化的情况下，在利用粒度特征解析区域风沙环境演变过程时，需结合沙丘发育的具体阶段，采取阶段式解析将显著提高对区域环境演变过程重建的精确度。

1.3.2　沉积物碳酸盐含量指示的环境意义

碳酸盐含量及其组分是气候和环境变化重建中常用的代用指标（Weems and Monger，2012；Dhir et al.，2010）。一般而言，原生或次生碳酸盐中的重结晶部分指示原始风成沉积的碳酸盐含量，具有示踪物源的意义（Chen and Li，2011；Wang et al.，2005；Antoine et al.，1999；Eghbal and Southard，1993）。在塔里木盆地和阿拉善高原，降水量较低（40mm）而蒸发量极高（3400mm），灌丛沙丘沉积物中的碳酸盐主要为原生碳酸盐，因此可指示物源变化情况。此外，在阿拉善高原，柽柳灌丛沙丘中的碳酸盐主要物源是戈壁地表，在沙丘发育早期，碳酸盐含量变化受物源粒度特征控制，而当物源趋于稳定后，碳酸盐含量变化则与其他气候参数有关（Wang et al.，2008b）。但对于发育在降水量较高地区的灌丛沙丘，由于淋溶作用较强，其碳酸盐含量变化要进行更深入的分析才能得到合理解释。

1.3.3　沉积物 TOC 含量、TN 含量及 C/N 值指示的环境意义

干旱半干旱区植物群落相对简单，生产力较低，而构建灌丛沙丘的植被及其发达的根系为有机质和氮的储存提供了良好条件（Zhang et al.，2011；Cakan and Cigdem，2006；Day and Ludeke，1993），并可通过风沙堆积中 TOC 和 TN 含量变化反演区域植被发育史（Zuo et al.，2010；Li et al.，2008）。例如，在西奈半岛北部（埃及），风沙层中较高的有机质含量反映区域植被发育状况良好，水分条件适宜且温度较低（El-Bana et al.，2003）。在阴山北麓地区，通过对比灌丛沙丘沉积物、未受扰动土壤及耕地中的 TOC 含量、TN 含量、P_2O_5 含量和 K_2O 含量等，反演了区域土地退化和灌丛沙丘发育史（Wang et al.，2006b）。在 Negev 沙漠北部（以色列），不同灌丛沙丘表层 0～10cm 沉积物氮含量揭示了土壤水分条件变化，溶解的有机碳则揭示了温度变化，并显示出在不同温度和湿度条件下，灌丛沙丘沉积物总有机质含量比较稳定（Xie and Steinberger，2005；Foth，1990）。一些学者也指出，罗布泊地区柽柳灌丛沙丘 TOC 含量、TN 含量以及 C/N 值变化主要受大气 CO_2 浓度变化控制，但也反映了区域气候冷/暖、干/湿变化（赵元杰等，2011a；Xia et al.，2005）。实际上，虽然该区域灌丛沙丘年代序列相对准确，但 TOC 含量、TN 含量以及 C/N 值等变化与邻近气象站器测温度、降水量等并不具备较好的一致性（图 1.5）。例如，TOC 含量变化与温度变化趋势相反，TN 含量变化与降水量变化趋势相反，这些目前并未得到充分、合理的解释。因此，灌丛沙丘 TOC 含量、TN 含量以及 C/N 值等的环境指示意义有待进一步探讨。

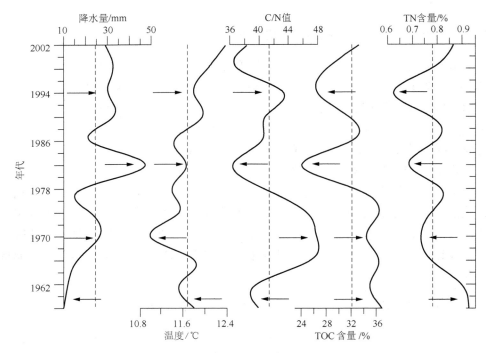

图 1.5　罗布泊地区灌丛沙丘 TOC 含量、TN 含量和 C/N 值与同一地区器测气象数据的比较

赵元杰等，2011a

1.3.4　沉积物有机碳同位素特征指示的环境意义

植物 $\delta^{13}C$ 变化主要与区域水分条件有关（Diefendorf et al.，2010；Lipp et al.，1996；Yakir et al.，1994），主要由单一植被形成的灌丛沙丘有机残体来源相对简单，其 $\delta^{13}C$ 变化可作为古气候、古环境变化，尤其是水分条件变化的良好代用指标（表 1.3）。例如，阿拉善高原柽柳灌丛沙丘埋藏的有机残体 $\delta^{13}C$ 变化指示了区域水分条件变化（Wang et al.，2010b）；在塔里木盆地，有机残体 $\delta^{13}C$ 低值段则揭示了小冰期时期塔里木盆地处于湿润环境（Liu et al.，2011）。此外，Xia 等（2005）在对罗布泊地区的分析中指出，柽柳灌丛沙丘中埋藏叶片的 $\delta^{13}C$ 记录了大气 CO_2 浓度、气候冷/暖及干/湿变化。当 CO_2 浓度和温度升高、湿度加大时，$\delta^{13}C$ 偏轻，相反则偏重，并结合该指标重建了罗布泊地区近 132 年的气候变化历史。然而，虽然近百年来由于人类活动影响，大气 CO_2 浓度发生了明显变化，但在较长时间尺度上，如近千年来，CO_2 浓度变化量不到 20mg/L（Indermühle et al.，1999；Feng and Epstein，1995）。总体上，由于区域气候环境和地貌特征等差异，目前对灌丛沙丘有机残体 $\delta^{13}C$ 环境指示意义的解释不尽相同。因此，应充分考虑区域实际情况，进行多指标分析并相互验证，才能合理重建区域气候环境演变史。

1.4　本书主要研究内容

干旱半干旱区环境演变对气候变化响应敏感，在部分地区，通过湖泊沉积
（Prins et al.，2000；Campbell，1998）、树轮（Shao et al.，2005；Yang et al.，2002）、
冰芯（Tian et al.，2006；Wang et al.，2006a）、石笋（Zhang et al.，2008）及历史
文献记录等（Wang et al.，2010a；Shi et al.，1999）揭示区域气候环境变化已取得
较多成果，但在极端干旱和部分半干旱区，因无法获得有效载体，研究进展较慢。
与流动沙丘发育不同的是，受植被影响，灌丛沙丘发育规模，如沙丘长度、宽度
和高度等受植被类型和生长条件等控制，在风沙活动强烈的干旱半干旱区，灌丛
沙丘形成发育及其沉积物为重建区域气候环境演变提供了高分辨率载体。在灌丛
沙丘形成发育及其环境指示意义方面已有一些研究（Wang et al.，2008b，2006b），
尽管对各代用指标环境指示意义的解释有一定差异，但采用这些代用指标可以重
建干旱、半干旱区的环境演化史则被大多数学者认同。在目前研究中，对各代用
指标的解释仍过于简单，也没有结合灌丛沙丘具体发育阶段考虑，因此采用灌丛
沙丘沉积物重建区域植被、水分、风力、物源等变化的可靠性还应进一步验证。
因此，在不同地区应选取典型灌丛沙丘，建立可靠年代序列，交叉解析粒度、碳
酸盐含量、地球化学元素含量、TOC 含量、TN 含量、C/N 值及 $\delta^{13}C$ 等多种代用
指标，并结合相关领域研究成果来解析灌丛沙丘形成发育过程，进而恢复区域气
候环境演化历史。

塔里木盆地、阿拉善高原、坝上高原和毛乌素沙地是中国干旱半干旱区的典
型区域，对气候环境变化敏感。目前在塔里木盆地周边地区，对过去气候环境变
化重建取得了很大进展，但在塔克拉玛干沙漠腹地，由于极端干旱的气候和恶劣
的生态环境，缺乏较长时间尺度的高分辨率载体，因此对其气候环境的演化史没
有深入理解。阿拉善高原地区处于亚洲夏季风与西风环流共同影响的过渡带，气
候极端干旱，风沙活动强烈，年均尘暴日数在 60 天以上，即使在全球尺度上也是
典型高粉尘释放区。同样由于缺乏高分辨率载体，这一区域过去气候环境变化未
能很好重建。坝上高原和毛乌素沙地位于季风气候与大陆气候、干旱半干旱、湿
润森林与荒漠草原、农区与牧区，以及内陆流域与外流区域过渡地带，是典型
的生态环境脆弱区。这两个地区已有较长的草原开垦史，强烈的风沙活动（Dong
et al.，2000）和不合理开垦（朱震达等，1981）使区域土地退化严重，沙漠化
迅速发展。但目前这两个地区对土地退化和沙漠化等方面的研究，主要是基于
遥感影像判读，对近百年内无遥感影像时期的土地退化和沙漠化过程研究甚少。

在塔克拉玛干沙漠腹地、阿拉善高原、坝上高原和毛乌素沙地，虽然缺乏其
他高分辨率的气候环境变化载体，但灌丛沙丘广泛发育，尤其是发育成熟的灌丛

沙丘，即使是在风沙活动最为强烈的春季，沙丘表面也很少有风蚀现象发生，即灌丛沙丘几乎完全表现为堆积状态，发育过程中自始至终沉积连续（Langford，2000；Khalaf et al.，1995；Tengberg，1995），蕴含了丰富的过去环境变化信息，为探索这些区域气候环境变化提供了高分辨率的载体。因此，本书通过对塔克拉玛干沙漠腹地、阿拉善高原、坝上高原和毛乌素沙地灌丛沙丘沉积剖面的获取，解析沙丘沉积结构和物质组成。基于对灌丛沙丘发育过程的解析，本书重建了过去近 5 个世纪以来塔克拉玛干沙漠腹地水分条件变化历史和近 7 个世纪以来的风沙环境演化史；重建了阿拉善高原近几个世纪以来的区域湿度和风沙环境变化，以及部分风沙地貌形态演化过程；恢复了坝上高原近 1 个世纪以来及毛乌素沙地灌丛沙丘发育以来的风沙活动演变和沙漠化历史。这些研究在一定程度上丰富了风沙地貌和干旱区气候环境演变的研究内容，为进一步理解这些区域环境演变提供了相应证据。

参 考 文 献

杜建会, 严平, 董玉祥. 2010. 干旱地区灌丛沙堆研究现状与展望. 地理学报, 65(3): 339-350.

杜建会, 严平, 俄有浩. 2007. 甘肃民勤不同演化阶段白刺灌丛沙堆分布格局及特征. 生态学杂志, 26(8): 1165-1170.

杜建会, 严平, 俄有浩. 2008. 民勤绿洲白刺灌丛沙堆不同演化阶段表面抗蚀性及其影响因素. 应用生态学报, 19(4): 763-768.

黄海霞, 王刚, 陈年来. 2010. 荒漠灌木逆境适应性研究进展. 中国沙漠, 30(5): 1060-1067.

何志斌, 赵文智. 2004. 黑河流域荒漠绿洲过渡带两种优势植物种群空间格局特征. 应用生态学报, 15(6): 947-952.

贾晓红, 李新荣. 2008. 腾格里沙漠东南缘不同生境白刺(Nitraria)灌丛沙堆的空间分布格局. 环境科学, 29(7): 2046-2053.

靳建辉, 曹相东, 李志忠, 等. 2013. 艾比湖周边灌丛沙堆风沙沉积记录的气候环境演化. 中国沙漠, 33(5): 1314-1323.

李秋艳, 何志斌, 赵文智, 等. 2004. 不同生境条件下泡泡刺(Nitraria sphaerocarpa)种群的空间格局及动态分析. 中国沙漠, 24(4): 484-488.

李万娟. 2009. 新疆艾比湖周边柽柳沙堆特征初步研究. 乌鲁木齐: 新疆师范大学.

刘冰, 赵文智, 杨荣. 2007. 荒漠绿洲过渡带泡泡刺灌丛沙堆形态特征及其空间异质性. 应用生态学报, 18(12): 2814-2820.

刘冰, 赵文智, 杨荣. 2008. 荒漠绿洲过渡带柽柳灌丛沙堆特征及其空间异质性. 生态学报, 28(4): 1446-1455.

刘金伟, 李志忠, 武胜利, 等. 2009. 新疆艾比湖周边白刺沙堆形态特征空间异质性研究. 中国沙漠, 29(4): 628-635.

王涛. 2003. 中国沙漠与沙漠化. 石家庄: 河北科学技术出版社.

武胜利, 李志忠, 惠军, 等. 2008. 和田河流域灌(草)丛沙堆的形态特征与发育过程. 地理研究, 27(2): 314-322.

武胜利, 李志忠, 肖晨曦, 等. 2006. 灌丛沙堆的研究进展与意义. 中国沙漠, 26(5): 734-738.

吴正. 2003. 风沙地貌与治沙工程学. 北京: 科学出版社.

谢国勋, 罗维成, 赵文智. 2015. 荒漠草原带沙源及灌丛对灌丛沙堆形态的影响. 中国沙漠, 35(3): 573-581.

岳兴玲, 哈斯, 庄燕美, 等. 2005. 沙质草原灌丛沙堆研究综述. 中国沙漠, 25(5): 738-743.

张萍, 哈斯, 吴霞, 等. 2013. 单个油蒿灌丛沙堆气流结构的野外观测研究. 应用基础与工程科学学报, 21(5): 881-889.

张萍, 哈斯, 岳兴玲, 等. 2008. 白刺灌丛沙堆形态与沉积特征. 干旱区地理, 31(6): 926-932.

赵婷婷, 赵念席, 高玉葆. 2014. 围封禁牧对小叶锦鸡儿灌丛化草原群落组成和结构的影响. 生态学报, 34(15): 4280-4287.

赵元杰, 车高红, 刘辉, 等. 2016. 塔克拉玛干沙漠南缘红柳沙包有机质碳氮含量与气候环境变化. 干旱区地理, 39(3):461-467.

赵元杰, 李雪峰, 夏训诚, 等. 2011a. 罗布泊红柳沙包沉积纹层有机质碳氮含量与气候变化. 干旱区资源与环境, 25(4): 149-154.

赵元杰, 宋艳, 夏训诚, 等. 2009. 近 150 年来罗布泊红柳沙包沉积纹层沙物质粒度特征. 干旱区资源与环境, 23(12): 103-107.

赵元杰, 王晓毅, 夏训诚, 等. 2011b. 新疆罗布泊地区近 160 年来红柳沙包沉积纹层 $\delta^{13}C$ 与气候重建. 第四纪研究, 31(1): 130-136.

赵元杰, 夏训诚, 王富葆, 等. 2007. 罗布泊地区红柳沙包纹层沙粒度特征与环境指示意义. 干旱区地理, 30(6): 791-796.

朱震达. 1998. 中国土地荒漠化的概念、成因与防治. 第四纪研究, (2): 145-155.

朱震达. 1999. 中国沙漠、沙漠化、荒漠化及其治理的对策. 北京: 中国环境科学出版社.

朱震达, 陈广庭. 1994. 中国土地沙质荒漠化. 北京: 科学出版社.

朱震达, 刘恕, 肖龙山. 1981. 草原地带沙漠化环境的特征及其治理的途径——以内蒙乌兰察布草原为例. 中国沙漠, 1: 57-60.

ANDERSON R S. 1991. Wind modification and bed response during saltation of sand in air. Acta Mechanica (Suppl), 1: 21-51.

ANTOINE P, ROUSSEAU D, LAUTRIDOU J, et al. 1999. Last interglacial-glacial climatic cycle in loess-paleosol successions of north-western France. Boreas, 28(4): 551-563.

ASH J E, WASSON R J. 1983. Vegetation and sand mobility in the Australian desert dunefield. Zeitschrift fur Geomorphologie Supplement, 45: 7-25.

BAGNOLD R A. 1941. The Physics of Wind Blown Sand and Desert Dunes. London: Methuen.

BAILEY S D, WINTLE A G, DULLER G A T, et al. 2001. Sand deposition during the last millennium at Aberffraw, Anglesey, North Wales as determined by OSL dating of quartz. Quaternary Science Reviews, 20(5-9): 701-704.

BALLARINI M, WALLINGA J, MURRAY A S, et al. 2003. Optical dating of young coastal dunes on a decadal time scale. Quaternary Science Reviews, 22(10): 1011-1017.

BROWN G, POREMBSKI S. 1997. The maintenance of species diversity by miniature dunes in a sand-depleted Haloxylon salicornicum community in Kuwait. Journal of Arid Environments, 37(3): 461-473.

BROWN G, POREMBSKI S. 2000. Phytogenic hillocks and blow-outs as 'safe sites' for plants in an oil-contaminated area of northern Kuwait. Environmental Conservation, 27(3): 242-249.

CAKAN H, CIGDEM K. 2006. Interactions between mycorrhizal colonization and plant life forms along the successional gradient of coastal sand dunes in the eastern Mediterranean, Turkey. Ecological Research, 21(2): 301-310.

CAMPBELL C. 1998. Late Holocene lake sedimentology and climate change in southern Alberta, Canada. Quaternary

Research, 49(1): 96-101.

CHEN J, LI G. 2011. Geochemical studies on the source region of Asian dust. Science China Earth Sciences, 54(9): 1279-1301.

COOKE R U, WARREN A, GOUDIE A S. 1993. Desert Geomorphology. London: UCL Press.

CORNELIS W M, GABRIELS D. 2005. Optimal windbreak design for wind-erosion control. Journal of Arid Environments, 61(2): 315-332.

DAY A D, LUDEKE K L.1993. Plant Nutrients in Desert Environments. Berlin: Springer Verlag.

DECH J P, MAUN M A. 2006. Adventitious root production and plastic resource allocation to biomass determine burial tolerance in woody plants from central Canadian coastal dunes. Annals of Botany, 98(5): 1095-1105.

DHIR R P, SINGHVI A K, ANDREWS J E, et al. 2010. Multiple episodes of aggradation and calcrete formation in Late Quaternary aeolian sands, Central Thar Desert, Rajasthan, India. Journal of Asian Earth Sciences, 37(1): 10-16.

DIEFENDORF A F, MUELLER K E, WING S L, et al. 2010. Global patterns in leaf ^{13}C discrimination and implications for studies of past and future climate. Proceedings of the National Academy of Sciences, 107(13): 5738-5743.

DONG Y X. 2001. Research on the formation and evolution of coastal dunes in foreign countries. Marine Geology & Quaternary Geology, 21: 93-98.

DONG Z, HUANG N, LIU X. 2005. Simulation of the probability of midair interparticle collisions in an aeolian saltating cloud. Journal of Geophysical Research, 110(D24): 1064-1067.

DONG Z, WANG X, LIU L. 2000. Wind erosion in arid and semiarid China: an overview. Journal of Soil and Water Conservation, 55(4): 439-444.

DOUGILL A J, THOMAS A D. 2002. Nebkha dunes in the Molopo Basin, South Africa and Botswana: formation controls and their validity as indicators of soil degradation. Journal of Arid Environments, 50(3): 413-428.

EGHBAL M K, SOUTHARD R J. 1993. Stratigraphy and genesis of Durorthids and Haplargids on dissected alluvial fans, western Mojave Desert, California. Geoderma, 59(1): 151-174.

EL-BANA M I, NIJS I, KHEDR A A. 2003. The importance of phytogenic mounds (Nebkhas) for restoration of arid degraded rangelands in Northern Sinai. Restoration Ecology, 11: 317-324.

ELDRIDGE D J, BOWKER M A, MAESTRE F T, et al. 2011. Impacts of shrub encroachment on ecosystem structure and functioning: towards a global synthesis. Ecology Letters, 14(7): 709-722.

FENG X, EPSTEIN S. 1995. Carbon isotopes of trees from arid environments and implications for reconstructing atmospheric CO_2 concentration. Geochimica Et Cosmochimica Acta, 59(12): 2599-2608.

FORMAN S L, PIERSON J. 2003. Formation of linear and parabolic dunes on the eastern Snake River Plain, Idaho in the nineteenth century. Geomorphology, 56(1): 189-200.

FOTH H D. 1990. Fundamentals of Soil Science. New Jersey: John Wiley and Sons.

GILLIES J A, NIELD J M, NICKLING W G. 2014. Wind speed and sediment transport recovery in the lee of a vegetated and denuded nebkha within a nebkha dune field. Aeolian Research, 12: 135-141.

HANSON P R, JOECKEL R M, YOUNG A R, et al. 2009. Late Holocene dune activity in the Eastern Platte River Valley, Nebraska. Geomorphology, 103(4): 555-561.

HARTE J, SALESKA S R, LEVY C. 2015. Convergent ecosystem responses to 23-year ambient and manipulated warming link advancing snowmelt and shrub encroachment to transient and long-term climate–soil carbon feedback. Global Change Biology, 21(6): 2349-2356.

HERRMANN H J, DURÁN O, PARTELI E J R, et al. 2008. Vegetation and induration as sand dunes stabilizators. Journal of Coastal Research, 26(4): 1357-1368.

HESP P A. 1981. The formation of shadow dunes. Journal of Sedimentary Research, 51: 101-112.

HESP P A, MCLACHLAN A. 2000. Morphology, dynamics, ecology and fauna of Arctotheca populifolia and Gazania rigens nabkha dunes. Journal of Arid Environments, 44(2): 155-172.

INDERMÜHLE A, STOCKER T F, JOOS F, et al. 1999. Holocene carbon-cycle dynamics based on CO_2 trapped in ice at Taylor Dome, Antarctica. Nature, 398: 121-126.

KHALAF F I, AL-AWADHI J M. 2012. Sedimentological and morphological characteristics of gypseous coastal nabkhas on Bubiyan Island, Kuwait, Arabian Gulf. Journal of Arid Environments, 82: 31-43.

KHALAF F I, AL-HURBAN A E, AL-AWADHI J. 2014. Morphology of protected and non-protected *Nitraria retusa* coastal nabkha in Kuwait, Arabian Gulf: A comparative study. Catena, 115:115-122.

KHALAF F I, MISAK R, AL-DOUSARI A. 1995. Sedimentological and morphological characteristics of some nabkha deposits in the northern coastal plain of Kuwait, Arabia. Journal of Arid Environments, 29(3): 267-292.

KING J, NICKLING W G, GILLIES J A. 2006. Aeolian shear stress ratio measurements within mesquite-dominated landscapes of the Chihuahuan Desert, New Mexico, USA. Geomorphology, 82: 229-244.

KURIYAMA Y, MOCHIZUKI N. 2005. Nakashima T. Influence of vegetation on aeolian sand transport rate from a backshore to a foredune at Hasaki, Japan. Sedimentology, 52(5): 1123-1132.

LANCASTER N. 1995. The Geomorphology of Desert Dunes. Oxon: Routledge.

LANCASTER N, BAAS A. 1998. Influence of vegetation cover on sand transport by wind: field studies at Owens Lake, California. Earth Surface Processes and Landforms, 23(1): 69-82.

LANGFORD R P. 2000. Nabkha (coppice dune) fields of south-central New Mexico, U.S.A. Journal of Arid Environments, 46: 25-41.

LEENDERS J K, VAN BOXEL J H, STERK G. 2007. The effect of single vegetation elements on wind speed and sediment transport in the Sahelian zone of Burkina Faso. Earth Surface Processes and Landforms, 32(10): 1454-1474.

LI J C, GAO J, ZOU X Y, KANG X Y. 2014. The relationship between nebkha formation and development and desert environmental changes. Acta Ecologica Sinica, 34: 266-270.

LI P, WANG N, HE W, et al. 2008. Fertile islands under Artemisia ordosica in inland dunes of northern China: Effects of habitats and plant developmental stages. Journal of Arid Environments, 72(6): 953-963.

LI X Y, ZHANG S Y, PENG H Y, et al. 2013. Soil water and temperature dynamics in shrub-encroached grasslands and climatic implications: Results from Inner Mongolia steppe ecosystem of north China. Agricultural and Forest Meteorology, 171: 20-30.

LI Z Z, WU S L, CHEN S J, et al. 2010. Bio-geomorphologic features and growth process of *Tamarix* nabkhas in Hotan River Basin, Xinjiang. Journal of Geographical Sciences, 20(2): 205-218.

LIANG E Y, ECKSTEIN D. 2009. Dendrochronological potential of the alpine shrub Rhododendron nivale on the south-eastern Tibetan Plateau. Ann Bot-London, 104(4): 665-670.

LIPP J, TRIMBORN P, EDWARDS T, et al. 1996. Climatic effects on the $\delta^{18}O$ and $\delta^{13}C$ of cellulose in the desert tree Tamarix jordanis. Geochimica Et Cosmochimica Acta, 60(17): 3305-3309.

LIU W, LIU Z, AN Z, et al. 2011. Wet climate during the 'Little Ice Age' in the arid Tarim Basin, northwestern China. The Holocene, 21(3): 409-416.

LUO W C, ZHAO W Z, LIU B. 2016. Growth stages affect species richness and vegetation patterns of nebkhas in the desert steppes of China. Catena, 137: 126-133.

MCGLYNN I O, OKIN G S. 2006. Characterization of shrub distribution using high spatial resolution remote sensing: Ecosystem implications for a former Chihuahuan Desert grassland. Remote Sensing of Environment, 101(4): 554-566.

MOUNTNEY N P, RUSSELL A J. 2006. Coastal aeolian dune development, Sóheimasandur, southern Iceland. Sedimentary Geology, 192(3): 167-181.

NICKLING W G, WOLFE S A. 1994. The morphology and origin of nabkhas, region of Mopti, Mali, West Africa. Journal of Arid Environments, 28(1): 13-30.

NIELD J M, BAAS A C W. 2008. Investigating parabolic and nebkha dune formation using a cellular automaton modelling approach. Earth Surface Processes and Landforms, 33(5): 724-740.

PARSONS A J, WAINWRIGHT J, SCHLESINGER W H, et al. 2003. The role of overland flow in sediment and nitrogen budgets of mesquite dunefields, southern New Mexico. Journal of Arid Environments, 53: 61-71.

PRINS M A, POSTMA G, WELTJE G J. 2000. Controls on terrigenous sediment supply to the Arabian Sea during the late Quaternary: the Makran continental slope. Marine Geology, 169(3): 351-371.

PYE K, TSOAR H. 1990. Aeolian Sand and Sand Dunes. Boston: Unwin Hyman.

QONG M, TAKAMURA H. 1997. The formative process of Tamarix cones in the southern part of the Taklimakan Desert China. Journal of Arid Land Studies, 6: 121-130.

QONG M, TAKAMURA H, HUDABERDI M. 2002. Formation and internal structure of *tamarix* cones in the Taklimakan Desert. Journal of Arid Environments, 50: 81-97.

QUETS J J, TEMMERMAN S, EI-BANA M I, et al. 2013. Unraveling Landscapes with phytogenic mounds (nebkhas): An exploration of spatial pattern. Acta Oecol., 49: 53-63.

RANGO A, CHOPPING M, RITCHIE J, et al. 2000. Morphological characteristics of shrub coppice dunes in desert grasslands of southern New Mexico derived from scanning LIDAR. Remote Sensing of Environment, 74: 26-44.

RHODES E J, POWNALL L. 1994. Zeroing of the OSL signal in quartz from young glaciofluvial sediments. Radiation Measurements, 23(2): 581-585.

SEIFERT C L, COX R T, FORMAN S L, et al. 2009. Relict nebkhas (pimple mounds) record prolonged late Holocene drought in the forested region of south-central United States. Quaternary Research, 71: 329-339.

SHAO X, HUANG L, LIU H, et al. 2005. Reconstruction of precipitation variation from tree rings in recent 1000 years in Delingha, Qinghai. Science in China-Series D Earth Sciences, 48(7): 939-949.

SHI Y, YAO T, YANG B. 1999. Decadal climatic variations recorded in Guliya ice core and comparison with the historical documentary data from East China during the last 2000 years. Science in China Series D: Earth Sciences, 42: 91-100.

TENGBERG A. 1995. Nebkha dunes as indicators of wind erosion and land degradation in the Sahel zone of Burkina Faso. Journal of Arid Environments, 30(3): 265-282.

TENGBERG A, CHEN D L. 1998. A comparative analysis of nebkhas in central Tunisia and northern Burkina Faso. Geomorphology, 22(2): 181-192.

THOMAS D S G, KNIGHT M, WIGGS G F S. 2005. Remobilization of southern Africa desert dune systems by twenty-first century global warming. Nature, 435: 1218-1221.

TIAN L, YAO T, LI Z, et al. 2006. Recent rapid warming trend revealed from the isotopic record in Muztagata ice core, eastern Pamirs. Journal of Geophysical Research, 111(D13), 2767-2781.

TILK M, MANDRE M, KLÕSEIKO J, et al. 2011. Ground vegetation under natural stress conditions in Scots pine forests on fixed sand dunes in southwest Estonia. Journal of Forest Research, 16(3): 223-227.

VAN AUKEN O W. 2000. Shrub invasions of North American semiarid grasslands. Annual Review of Ecology and Systematics, 31(1): 197-215.

WANG N, YAO T, THOMPSON L G, et al. 2006a. Strong negative correlation between dust event frequency and air temperature over the northern Tibetan Plateau reflected by the Malan ice-core record. Annals of Glaciology, 43(1): 29-33.

WANG S S, CHEN X, ZHOU K F, et al. 2015. Adaptive Strategy to Drought Conditions: Diurnal Variation in Water Use of a Central Asian Desert Shrub. Polish Journal of Ecology, 63(1): 63-76.

WANG X M, CHEN F H, ZHANG J W, et al. 2010a. Climate, desertification, and the rise and collapse of China's historical dynasties. Human Ecology, 38(1): 157-172.

WANG X M, LI J J, DONG G R, et al. 2008a. Responses of desertification to variations in wind activity over the past five decades in arid and semiarid areas in China. Chinese Science Bulletin, 53(3): 426-433.

WANG X M, WANG T, DONG Z B, et al. 2006b. Nebkha development and its significance to wind erosion and land degradation in semi-arid northern China. Journal of Arid Environments, 65: 129-141.

WANG X M, XIAO H L, LI J C, et al. 2008b. Nebkha development and its relationship to environmental change in the Alaxa Plateau, China. Environmental Geology, 56(2), 359-365.

WANG X M, ZHANG C X, ZHANG J W, et al. 2010b. Nebkha formation: Implications for reconstructing environmental changes over the past several centuries in the Ala Shan Plateau, China. Palaeogeography, Palaeoclimatology, Palaeoecology, 297: 697-706.

WANG Y Q, ZHANG X Y, ARIMOTO R, et al. 2005. Characteristics of carbonate content and carbon and oxygen isotopic composition of northern China soil and dust aerosol and its application to tracing dust sources. Atmospheric Environment, 39(14): 2631-2642.

WARREN J K. 1982. The hydrological setting, occurrence and significance of gypsum in late Quaternary salt lakes in South Australia. Sedimentology, 29: 609-637.

WEEMS S L, MONGER H C. 2012. Banded vegetation-dune development during the Medieval Warm Period and 20th century, Chihuahuan Desert, New Mexico, USA. Ecological Society of America, 3(3): 1-16.

WHITE B R, GREELEY R, IVERSEN J D, et al. 1976. Estimated grain saltation in a Martian atmosphere. Journal of Geophysical Research, 81(32): 5643-5650.

WIGGS G F S, THOMAS D S G, BULLARD J E, et al. 1995. Dune mobility and vegetation cover in the southwest Kalahari Desert. Earth Surface Processes and Landforms, 20(6): 515-529.

WU S, LI J, CHEN S, et al. 2009. The shape character and development stage of nebkha. High Technology Letters, 15: 440-445.

XIA X C, ZHAO Y J, WANG F B, et al. 2004. Stratification features of Tamarix cone and its possible age significance. Chinese Science Bulletin, 49(14): 1539-1540.

XIA X C, ZHAO Y J, WANG F B, et al. 2005. Environmental significance exploration to Tamarix Cone age layer in Lop Nur Lake region. Chinese Science Bulletin, 50(20): 2395-2397.

XIAO S C, XIAO H L, PENG X M, et al. 2014. Intra-annual stem diameter growth of *Tamarix ramosissima* and association with hydroclimaticfactors in the lower reaches of China's Heihe River. Journal of Arid Land, 6(4): 498-510.

XIE G, STEINBERGER Y. 2005. Nitrogen and carbon dynamics under the canopy of sand dune shrubs in a desert ecosystem. Arid Land Research and Management, 19(2): 147-160.

YAKIR D, ISSAR A, GAT J, et al. 1994. ^{13}C and ^{18}O of wood from the Roman siege rampart in Masada, Israel (AD 70~73): Evidence for a less arid climate for the region. Geochimica Et Cosmochimica Acta, 58(16): 3535-3539.

YANG B, BRAEUNING A, JOHNSON K R, et al. 2002. General characteristics of temperature variation in China during the last two millennia. Geophysical Research Letters, 29(9): 1324.

ZHANG P, CHENG H, EDWARDS R L, et al. 2008. A test of climate, sun, and culture relationships from an 1810-year Chinese cave record. Science, 322(5903): 940-942.

ZHANG P, YANG J, ZHAO L, et al. 2011. Effect of Caragana tibetica nebkhas on sand entrapment and fertile islands in steppe-desert ecotones on the Inner Mongolia Plateau, China. Plant and Soil, 347(1): 79-90.

ZUO X, ZHAO H, ZHAO X, et al. 2010. Spatial pattern and heterogeneity of soil properties in sand dunes under grazing and restoration in Horqin Sandy Land, Northern China. Soil and Tillage Research, 99(2): 202-212.

第2章 研究区自然环境特征

塔克拉玛干沙漠、阿拉善高原、坝上高原和毛乌素沙地是中国干旱半干旱区的典型区域。塔克拉玛干沙漠腹地主要风沙地貌景观是流动沙丘；阿拉善高原地区以戈壁地貌为主；坝上高原位于农牧交错带，是典型的干草原地区；毛乌素沙地以固定、半固定沙丘为主（彩图4）。这四个区域的自然环境特征有明显差异。

2.1 塔克拉玛干沙漠

塔克拉玛干沙漠发育在塔里木盆地内，位于中国新疆维吾尔自治区南部。塔里木盆地呈椭圆形，北为天山山脉，南为昆仑山和阿尔金山，西是帕米尔高原，东部有一狭长的相对低洼地带与甘肃河西走廊相通（彩图5）。研究表明，塔克拉玛干沙漠自形成至今约已有3.4Ma的历史（Sun et al.，2011；Sun and Liu，2006），面积为33.8万 km²，是世界第二大流动性沙漠，约占中国沙漠面积的1/2，沙漠周边主要是山前冲（洪）积扇和洪积平原，地势西南高东北低，西南部沙漠边缘海拔为1100～1250m，东北部为800～1000m（贾承造，1997；中国科学院塔克拉玛干沙漠综合科学考察队，1993）。塔克拉玛干沙漠主要是在低风能环境控制下发育而成的，虽然包含了几乎所有的沙丘类型（Livingstone and Warren，1996；Lancaster，1995；Pye and Tsoar，1990；Fryberger and Dean，1979），但基本沙丘形态表现为沙漠北部发育复合、复杂新月形沙丘和沙丘链，中部发育复合穹状沙丘和复合、复杂线性沙丘，以及南部发育星状沙丘。此外，在沙漠边缘和沙漠腹地有固定和半固定沙丘，如灌丛沙丘、抛物线沙丘等分布（Wang et al.，2002；Zhu，1984）。

本书选择的灌丛沙丘取样点位于塔克拉玛干沙漠腹地的塔中地区（彩图5），灌丛沙丘主要分布在大型流动沙丘丘间地上，在植被和风沙活动的共同作用下形成（Wiggs et al.，1994；Wolfe et al.，1993）。目前研究表明，其沉积物以近源沉积为主，形成沙丘的植被以塔克拉玛干柽柳（*Tamarix taklamakanensis*）为主（Wang et al.，2005a；Wang et al.，2002；Yang et al.，2002；Hesp and Mclachlan，2000；Langford，2000；Tengberg，1995）。

2.1.1 构造特征

塔里木盆地由古生界克拉通盆地和中、新生界前陆盆地组成，具有古老陆壳基底和多次沉降隆起的复杂构造演化史，可将其划分为 7 个构造演化阶段：前震旦纪盆地基底形成阶段，震旦纪—奥陶纪克拉通边缘拗拉槽阶段，志留—泥盆纪周缘前陆盆地阶段，石炭—二叠纪克拉通边缘拗陷和克拉通内裂谷阶段，三叠纪前陆盆地阶段，侏罗—古近纪断陷盆地阶段和新近—第四纪复合前陆盆地阶段。盆地及其周围地层类型繁多，在周围山区出露古生界和前古生界地层，在盆地周围丘陵区和平原区多出露中生界和古近—新近系地层，在山前平原和沙漠区则广泛分布着第四系地层（周志毅，2001；中国科学院塔克拉玛干沙漠综合科学考察队，1993）。同时，塔里木盆地是一个大型叠合复合盆地，不同时期盆地内的隆拗单元既有继承，又有反转。按照构造性质可将其划分为隆起构造、拗陷构造、边缘断隆 3 类共 12 个一级构造单元，包括 7 个隆起：塔北隆起、中央隆起、塔南隆起、柯坪断隆、库鲁克塔格断隆、铁克力克断隆和阿尔金山断隆，5 个拗陷：库车拗陷、北部拗陷、西南拗陷、塘古孜巴斯拗陷和东南拗陷（贾承造，1997）。

采样点塔中地区位于塔里木古生代克拉通盆地内，为前石炭纪大型隆起构造，面积为 2.75 万 km^2，位于塔里木盆地中央隆起中段（包括塔中低凸起和塔东低凸起西部的广大地区），北界以斜坡形式与满加尔拗陷为邻，南界以逆冲断裂带形式与塘古孜巴斯拗陷为界，西界以吐木休克断裂东南段与巴楚活动古隆起为界，东界呈过渡形式与塔东残余古隆起西南部相连。震旦—奥陶纪，塔中隆起构造雏形形成，塔中地区位于塔西克拉通内拗陷中部，处于相对高的构造-地貌部位，主要沉积是碳酸盐岩。由于受南缘板块俯冲活动影响，塔中地区在志留—泥盆纪发生了逆冲-走滑构造变形。该时期东西向中央隆起地区发生左行走滑活动，自西向东分别形成巴楚、塔中和塔东 3 个左列式巨型古隆起构造，以泥盆纪末期塔中隆起断裂和褶皱构造变形最为强烈，且主要表现为与逆冲-走滑活动有关的雁列式褶皱、断裂和花状构造，以及大面积的隆起剥蚀等，主要沉积滨海相的红色碎屑岩。泥盆纪末期塔中隆起构造基本定型后，塔中地区进入构造相对稳定发展时期，石炭—二叠纪期间形成鼻状隆起。石炭纪主要沉积滨海-陆相的碳酸盐岩和碎屑岩，其中，石炭系底部发育巨厚的灰白色砂岩；早二叠世主要为陆相碎屑岩、火山岩和火山碎屑岩，晚二叠世主要为陆相碎屑岩。三叠纪—第四纪塔中地区发生整体沉降与隆升，但幅度不大。其中，三叠纪塔中地区位于中部类前陆拗陷的南部，主要为冲积平原相和河流三角洲相沉积；侏罗—白垩纪该地区则属于塔东北陆内拗陷的西南斜坡，主要为冲积平原相沉积；古近—新近纪至第四纪该地区演变为塔里木复合前陆盆地的前缘隆起，以河流冲积相沉积为主要特征（贾承造，1997）。

2.1.2　气候特征

塔克拉玛干沙漠腹地为典型的北温带大陆性干旱型气候。塔中地区气温年较差和日较差均较大。器测资料显示，1999～2008 年该区域年平均气温为 11.4～13.0℃，平均为 12.3℃。但在下文分析过程中，由于区域器测数据年代较短，本书采用最为邻近的民丰和安德河两个气象站多年器测资料进行分析。多年记录显示，研究区年平均气温为 10.7～11.3℃，夏季气温为 24.1～24.9℃（6～8 月气温平均值）[图 2.1（a）]。过去近 40 年以来，气温呈现波动上升趋势[图 2.1（b）]。

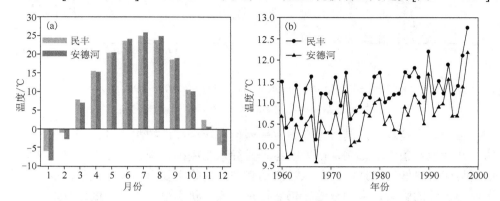

图 2.1　民丰、安德河气象站 1960～1998 年器测气温年内（a）和年际（b）变化

由于地处塔克拉玛干沙漠腹地，塔中地区降水极为稀少（李江风，2003）。器测资料显示，1999～2008 年塔中地区年平均降水量为 9.8～46.3mm，平均值仅为26.9mm。民丰和安德河气象站近 40 年的数据显示，研究区多年平均降水量为6.75～87.2mm，平均值仅为29.8mm。年内降水主要集中在 5～8 月，上述 4 个月两地的降水量分别占年均降水量的 10.1%～18.6%、19.0%～22.0%、23.6%～41.5% 和 11.5%～11.7%，且降水量年际变化极大（图 2.2）。塔克拉玛干沙漠腹地蒸发强烈，塔中气象站器测资料显示，1999～2008 年研究区年蒸发量为 3538～3971mm，平均值为 3836mm。民丰和安德河气象站多年平均值也在 2731～2844mm，其中，年内 4～9 月蒸发量较高，与温度变化较为一致（图 2.3）。

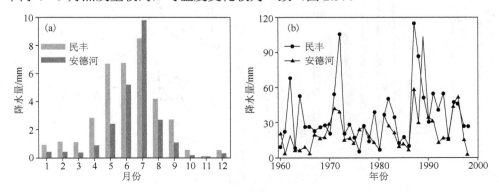

图 2.2　民丰、安德河气象站 1960～1998 年器测降水年内（a）和年际（b）变化

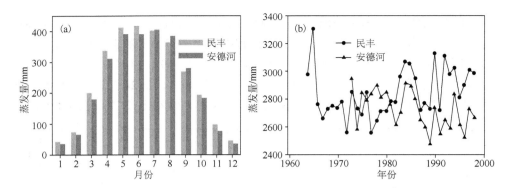

图 2.3 民丰（1964～1998 年）、安德河（1973～1998 年）
气象站器测蒸发量年内（a）和年际（b）变化

由于塔克拉玛干沙漠腹地受蒙古—西伯利亚冷高压控制，且位于高压南部偏西，并受地形条件的影响，研究区冬季盛行东北风；春季蒙古冷高压势力渐弱，但其与印度热低压交绥，因此风沙活动强烈；夏季主要为印度热低压控制，但由于地形条件的影响，大部分地区仍盛行东北风；秋季由于印度热低压衰退，研究区逐渐被蒙古冷高压所控制（周霞，1995）。整体上，受蒙古冷高压位置和中亚地貌格局的影响，塔克拉玛干沙漠腹地近地面由偏北、偏东风系所控制（董光荣等，1993）。这一风系格局与发育的地方性风系共同作用，对区域风沙地貌的形成（Greeley and Iversen，1985）以及生态环境（Ardon et al.，2009；Tsoar，2005）产生了重要影响。

塔中地区 1999～2008 年平均风速为 2.0～2.4m/s，平均值为 2.2m/s；安德河和民丰地区则为 1.6～2.0m/s；而塔中地区上风向的若羌地区则达 2.6m/s。此外，在塔克拉玛干沙漠腹地地区，年内风速最高月份为 4 月和 5 月（图 2.4）。

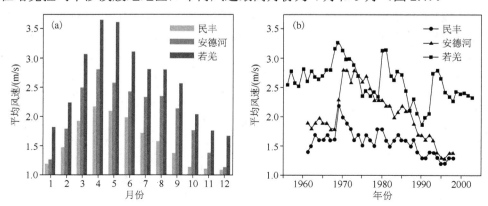

图 2.4 民丰、安德河气象站 1960～1998 年和若羌气象站
1955～2003 年器测风速年内（a）和年际（b）变化

2.1.3　植被、土壤和水文特征

由于气候极端干旱，塔克拉玛干沙漠腹地植被稀少。在这一地区，植被类型主要有胡杨（*Populus euphratia*）和灰杨（*P. pruinosa*）、塔里木柽柳（沙生柽柳）（*Tamarix taklamakanesis*）、刚毛柽柳（*T. hispida*）、短穗柽柳（*T. laxa*）、多枝柽柳（*T. ramosissima*）、沙拐枣（*Calligonum mongolicum*）、红茎盐生草（*Halogeton glomeratns*）、白茎盐生草（*H. arachnoidens*）、刺沙蓬（*Salsola ruthenica*）、小花天芥菜（*Heliotroqium micranthum*）、花花柴（*Karelinaia caspica*）、鹿角草（*Hexinia polydichotoma*）、沙地旋覆花（*Inula salsoidis*）、芦苇（*Phragmites australis*）、合掌消（*Cynanchum kashgaricum*）、白麻（*Poacynum pictum*）、管花肉苁蓉（*Cistanche tubulosa*）、河西菊（*Hexinia polydichotoma*）、阿克苏牛皮消（*Cynanchum kashgaricum*）、罗布麻（*Apocynum venetum*）和沙米（*Agriophyllum arenarium*）等（何兴东，1997；胡玉昆和潘伯荣，1996）。

研究区主要土壤类型是风沙土，但在一些古河道，有少量的残余沼泽土和残余盐土等分布，其母质为粉砂或黏质砂土，未被流沙覆盖的地区，地表有龟裂纹土结皮或盐结皮发育。

塔克拉玛干沙漠腹地已无地表径流，在其周边地区所发育的河流均属冰雪消融水型，流程短、水量小。河流的径流量与周边高山中的冰川面积和降水量有关，在低温湿润年份，冰川消融减弱，固体降水增加，冰川积累；而在干旱少雨年份，冰川积雪消融强烈，从而形成大量冰雪融水补给河流（中国科学院塔克拉玛干沙漠综合科学考察队，1993）。总体上，塔克拉玛干沙漠周边山区为水资源的形成区，山前冲洪积平原区为地下水的补给-径流区，而沙漠为地下水的径流排泄区（刘斌等，2008；中国科学院塔克拉玛干沙漠综合科学考察队，1993）。中国地质调查局等的调查结果显示，塔中地区属于和田河—克里雅河系统，尼雅河—喀拉米兰河亚系统，位于亚系统东北部的牙通古孜河—安迪尔河—莫勒切河—喀拉米兰河下游细土平原边缘至沙漠区。南部山区的水资源在以地面蒸发、植物蒸腾和人工开采等方式排泄消耗之外，以地下径流的方式输入到塔中地区。研究区地下水位一般小于 3m，潜水蒸发强度大，潜水表层蒸发浓缩形成高矿化水，溶解性总固体（total dissolved solids，TDS）一般大于 10g/L，水化学类型为 Cl-Na 型水（刘斌等，2008）。

2.2　阿拉善高原

作为蒙新高原的一部分，阿拉善高原位于河西走廊北部，内蒙古高原西部，东南部与鄂尔多斯高原—黄土高原毗邻，面积约 30 万 km²，海拔为 1000～1500m，

地势由南向北倾斜，地面起伏不大，仅少数山地超过 2000m。风沙地貌类型以戈壁地貌为主，其与以流动沙丘为主的巴丹吉林沙漠、腾格里沙漠和乌兰布与沙漠毗邻（Wang et al.，2011；Chen et al.，2003；Guo et al.，2000）。其中，所选择的取样点在额济纳盆地，位于阿拉善高原西部，大致范围包括北山—鼎新盆地以北，阿尔泰山以南，巴丹吉林沙漠与马鬃山之间，北部和西部为低山丘陵，东南部为巴丹吉林沙漠，总面积为 3.4 万 km²。该区域地势低平，海拔为 900～1127m，自南向北，自西向东缓慢倾斜，地面坡度较小（图 2.5）（周爱国，2004）。

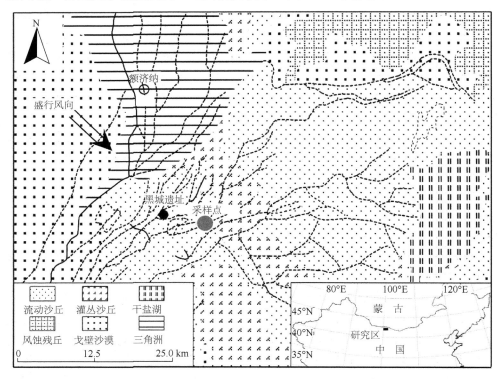

图 2.5　阿拉善高原额济纳地区示意图及采样点位置

Wang et al.，2010

2.2.1　地质构造、地貌及古生物地理区系

在地体格尔木—额济纳旗地学断面的研究中，额济纳地区属于北山北部地体，该地体位于石板井—小黄山断裂以北地区（崔作丹等，1999）。额济纳盆地由一系列隆起、凹陷和逆冲断裂组成，包括北部大驼山—洪格尔山隆起带、南部合黎山—北大山—狼心山弧形隆起带及石板井—建国营—额旗深大断裂，以及阿拉善北缘天仓—特罗西滩大断裂等。至中生代末期，额济纳盆地基本格局

已经形成，在干旱气候条件下，由于风化剥蚀、流水和风力搬运堆积等作用，形成了现代地貌景观。在宏观尺度上，区内地貌主要包括构造剥蚀低山丘陵、构造剥蚀准平原、冲洪积、冲湖积、湖积平原和山前倾斜平原，风沙地貌则以戈壁为主，亦有少量的流动沙丘、半流动沙丘和固定沙丘等分布（迟振卿等，2006；张光辉等，2005）。

在古生物地理区系上，寒武纪—奥陶纪时期，额济纳地区属于中轴生物大区（Ⅰ）亚—澳生物区（ⅠA）塔里木生物省（ⅠA1）北山—雅干生物亚省（ⅠA11）。在志留纪时期，额济纳地区属于中轴生物大区（Ⅱ）北方—中轴生物过渡区（ⅡC）北山—雅干生物省（ⅡC1）。在泥盆纪时期，由于受志留纪晚期加里东构造运动的影响，全球古地理格局发生了明显变化，在北方生物大区、中轴生物大区和马尔维诺卡弗列克生物大区中，额济纳地区属于中轴生物大区（Ⅱ）北方—中轴生物过渡区（ⅡC）北山—雅干生物省（ⅡC1）雅干生物亚省（ⅡC12）。在早石炭世早期，额济纳地区属于中轴生物大区（Ⅱ）中亚蒙古—中轴生物过渡区（ⅡA）柴达木—祁连生物省（ⅡA1）北山生物亚省（ⅡA12）；在晚石炭世，则属于中轴生物大区（Ⅱ）东中轴生物区（ⅡA）华北—祁连山生物省（ⅡA1）北山生物亚省（ⅡA12）。在二叠纪，额济纳地区属于北方生物大区（Ⅰ）西伯利亚—蒙古生物区（ⅠA）北山—巴丹吉林生物省（ⅠA1）。在三叠纪，塔里木—华北地块北移，生物地区界线整体南移，额济纳地区属于北方生物大区（Ⅰ）北方—特提斯生物过渡区（ⅠB）华北—西北生物省（ⅠB1）北山—北祁连生物亚省（ⅠB13）。在侏罗纪，额济纳地区属于北方生物大区中国生物区（Ⅱ）北方生物省（Ⅱ3）。在白垩纪时期，由于全球性反复升、降温事件对陆生生物的演化、迁移产生重要的影响，额济纳地区属于劳亚—特提斯生物大区中国南方生物区（Ⅰ）西南—西北生物省（Ⅰ2）。到古近-新近纪，额济纳地区属于北方生物大区中国生物区（Ⅱ）西北—华北生物省（Ⅱ2）。第四纪时期，则属于北方生物区（Ⅰ）西北生物省（Ⅰ3）（陈炳蔚等，1996）。

2.2.2　气候、植被、土壤与水文特征

额济纳盆地位于夏季风控制区与西风影响区的过渡地带，深居内陆腹地，受高山高原阻隔，太平洋、印度洋的暖湿气流很难到达该地，冬季受蒙古高压控制，夏季受西风带影响，为典型的大陆性气候（Zhao et al.，2007；Chen et al.，2003）。额济纳气象站 1960～2003 年器测资料显示，区内多年平均气温、年平均降水量和年平均风速分别为 8.7℃、35.7mm 和 3.3m/s，1962～2001 年年平均蒸发量为 3481mm（表 2.1）。

表 2.1　额济纳地区 1960～2003 年气温、降水量、风速
以及 1962～2001 年蒸发量

指标	气温/℃	降水量/mm	风速/(m/s)	蒸发量/mm
最小值	6.4	7.0	2.4	2987
最大值	10.6	101.1	4.4	4031
平均值	8.7	35.7	3.3	3481
标准差	0.9	20.3	0.6	329

　　额济纳盆地植物种类贫乏，群落结构简单，种间依赖关系不强，密度、盖度较低，植被类型以旱生、超旱生、耐盐碱荒漠植物为主，主要生长有菊科（Compositae）的艾蒿（*Artemisia argyi*）、顶羽菊（*Acroptilom repens*）、碱地风毛菊（*Sassurea runcinata*）、蓼子朴（*Inula salsoloides*）、猪毛蒿（*Artemisia scoparia*）、旋复花（*Inula japonica*）、花花柴（*Karelinia caspica*）、紫菀木（*Asterothamnus fruticosus*）、川甘蒲公英（*Taraxacum lugubre*）、刺儿菜（*Cephalanoplos segetum*）、鳍蓟（*Olgaea leucophylla*）、蒙古鸦葱（*Scorzonera mongolica*）、圆齿狗哇花（*Heteropappus crenatifolius*）、叉枝鸦葱（*Scorzoneradivaricata*）、粉苞苣（*Chondrilla juncea*）和蒲公英（*Taraxacum mongolicum*），豆科（Leguminosae）的细枝岩黄蓍（*Hedysarum scoparium*）、甘草（*Glycyrrhiza uralensis*）、苦豆子（*Sophora alopecuroide*）、骆驼刺（*Alhagi sparsifolia*）、苜蓿（*Medicago* Linn.）、紫花苜蓿（*Medicago sativa*）、黄花苜蓿（*Medicago falcata*）、苦马豆（*Sphaerophysa salsula*）、川青锦鸡儿（*Caragana tibetica*）、小花棘豆（*Oxytropis glabra*）和短叶锦鸡儿（*Caragana brevifolia*），藜科（Chenopodiaceae）的藜（*Chenopodium album*）、长茎飞蓬（*Erigeron elongatus*）、盐爪爪（*Kalidium foliatum*）、翅碱蓬（*Suaeda heteroptera*）、细枝盐爪爪（*Kalidium gracile*）、沙拐枣（*Calligonum mongolicum*）、梭梭（*Haloxylon ammodendron*）、黑柴（*Sympegma regelii*）、地肤（*Kochia scoparia*）、刺蓬（*Salsola kali*）、盐角草（*Salicornia europaea*）、珍珠猪毛菜（*Salsola passerina*），蒺藜科（Zygophyllales）的白刺（*Nitraria tangutorum*）、霸王（*Zygophyllum xanthonylon*）、骆驼蓬（*Peganum harmala*）、骆驼蒿（*Peganum nigellastrum*）和蒺藜（*Tribulus terrestris*），禾本科（Gramineae）的狗尾草（*Setaria viridis*）、燕麦（*Avena sativa*）、苔草（*Carex alrofusca*）、芦苇（*Phragmites communis*）、小獐毛（*Aeluropus pungens*）、稗（*Panicum crus*）、旱芦苇（*Arundo donaxi*）、赖草（*Leymus secalinus*）、芨芨草（*Achnatherum splendens*）和冰草（*Agropyron crisatum*），柽柳科（Tamaricaceae）的红柳（*Tamarix chinensis*）、短穗红柳（*Tamarix laxa*）和琵琶柴（*Reaumuria soongonica*），杨柳科（Salicaceae）的胡杨（*Populus euphratica*）和小红柳（*Salix microstachya*），蓼科（Polygonaceae）的酸模（*Rumex acetosa*）和萹蓄（*Polygonumaviculare*），十字花科（Cruciferae）的独行菜（*Lepidium apetalum*），百合科（Liliaceae）的蒙古韭（*Allium mongolicum*）和西北天门冬（*Asparagus persicus*），茄科（Solanaceae）的曼陀罗（*Datura stramonium*）、枸杞（*Lycium chinense*）和黑果枸杞（*Lycium ruthenicum*），唇形科（Labiatae）的野薄荷（*Mentha arvensis*），牻牛儿苗科（Geraniaceae）的老鹳草（*Geranium wilfordii*），旋花科（Convolvulaceae）的田旋花（*Convolvulus arvensis*）和刺旋花（*Convolvulus tragacanthoides*），毛茛科（Ranunculaceae）的黄戴戴（*Halerpestes ruthenica*），蓝雪科（Plumbaginaceae）的耳叶补血草（*Limonium otolepis*）和金色补血草（*Limonium aureum*），蔷薇科（Rosaceae）的鹅绒委陵菜（*Potentilla anserine*），苋科（Amaranthaceae）的苋（*Amarranth tricolor*），伞形科（Umbelliferae）的迷果芹（*Sphallerocarpus gracills*），亚麻科（Linaceae）的亚麻（*Linum usitatissimum*），胡颓子科（Elaeagnaceae）的沙枣（*Elaeagnus angustifolia*），景天科（Crassulaceae）的小丛红景天（*Rhodiola dumulosa*），锦葵科（Malvaceae）的野西瓜苗（*Hibiscus trionum*），罂粟科（Papaveraceae）的节裂角茴香（*Hypecoum leptpcarpum*），鸢尾科（Iridaceae）的马兰（*Kalimeris indica*），香蒲科（Typhaceae）的长苞香蒲（*Typha domingensis*），木贼科（Equisetaceae）的节节草（*Equisetum ramosissimum*），夹竹桃科（Apocynaceae）的大叶白麻（*Poacynum hendersonii*），水麦冬科（Juncaginaceae）的海韭菜（*Triglochin martimum*），麻黄科（Ephedraceae）的草麻黄（*Ephedra sinica*），莎草科（Cyperaceae）的聚穗莎草（*Cyperus imbricatus*），车前科（Plantaginaceae）的车前（*Plantago asiatica*），桑科（Moraceae）的大麻（*Cannabis sativa*），大戟科（Euphorbiaceae）的地锦（*Euphorbia humifusa*），以及泽泻科（Alismataceae）的草泽泻（*Alisma gramineum*）等（周爱国，2004）。

额济纳盆地土壤类型比较简单，受干旱气候的影响，盐化和沙化严重，土地贫瘠。地带性土壤为灰棕荒漠土和石膏性灰棕荒漠土，天然绿洲内以草甸土、盐化草甸土和风沙土为主，并分布有少量的盐化沼泽土和沼泽盐土（周爱国，2004）。

发源于阿拉善高原南部祁连山区的黑河和石羊河是阿拉善高原的主要水系，区内的古居延海和古潴野泽位于这两大河流的终端（Wang et al.，2011；Chen et al.，2003）。额济纳盆地在黑河下游地区，其西支北大河汇流于鼎新南部，经双城子流入额济纳旗境内（龚家栋等，2002）。此外，盆地的地下水系统包括呈条带状分布于盆地周边的碎屑岩类裂隙-孔隙水系统和基岩裂隙水系统，第四系单层结构浅层地下水系统和第四系双层或多层承压水系统（钱云平等，2005）。受径流溶滤和蒸发浓缩作用影响，由沿河主要补给带至蒸发排泄区浅层地下水系统具有淡水带、微咸水—咸水带和盐水—卤水带等明显的水文地球化学分带性。其中，淡水带矿化度小于 1g/L，水化学类型为 SO_4-HCO_3-Na-Mg 型水；微咸水—咸水带矿化度达 3~50g/L，水化学类型属 SO_4-Cl-Mg-Na 或 Cl-SO_4-Na 型水；盐水—卤水带矿化度高达 50~313g/L，属 Cl-SO_4-Na 型水。深层地下水从盆地南部向北部，沿地下水流向矿化度逐渐增大，增幅小于潜水。深层承压地下水水质良好，矿化度为 0.52~1.54g/L，一般小于 1.0g/L（张光辉等，2005）。

2.3　坝　上　高　原

坝上高原是蒙古高原的一部分，主体位于河北省北部，行政区划上主要包括沽源、张北、康保县全部，尚义县、丰宁满族自治县、围场满族蒙古族自治县的部分地区，以及内蒙古自治区太仆寺旗全部和多伦县、正黄旗、正白旗、正蓝旗和化德县部分地区，该区地处中国北方农牧交错带中段，是典型的草原农垦区和生态环境脆弱区，沙漠化问题严重（袁金国等，2006；海春兴等，2002；盛学斌等，2002；常学礼，1996）。该区域冬季受蒙古高压控制，气候干旱、寒冷，春秋季大风天气频繁，风蚀强烈。本书的研究区化德县位于坝上高原北部，宏观地貌类型主要包括山地、丘陵、山间盆地、河谷洼地、波状高原等，但以剥蚀低山丘陵和缓坡丘陵为主（高巨宝等，2006；董治宝和陈广庭，1997）（图 2.6）。此外，风沙地貌主要包括风蚀坑和风蚀残墩等风蚀地貌，以及灌丛沙丘等风积地貌（王涛等，1991）。

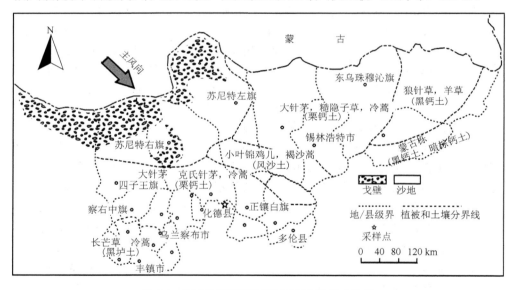

图 2.6　坝上高原研究区示意图及采样点位置

Wang et al., 2006b

2.3.1　地质与地貌特征

蒙古高原为古生代末期华力西运动褶皱隆起的地块，一些凹陷内沉积了白垩系湖相地层，古近—新近纪后气候变干，湖泊缩小，部分地区有湖沼相沉积。第四纪时期，蒙古高原整体处于强烈干燥剥蚀阶段，形成起伏的基岩残山和薄层残坡积物覆盖的准平原（朱震达和陈广庭，1994；陈广庭，1991）。区内发育有白垩系、古近—新近系湖相红色泥岩、沙质泥岩夹砂砾岩和砂岩；富含砾（碎）、卵石的黏砂土或粉砂的花岗岩、凝灰岩、玄武岩、片岩、混合岩的风化物等残积坡积物；以砂砾石、砂和黏砂土为主，发育于河流、冲沟和宽浅洼地之中的冲洪积物，厚为 0.3～3m 不等，覆盖在起伏或平坦的高原面上；在草原环境下，地表物质风积或坡积粉细砂或黏砂经黄土化之后，呈现出垂直节理和大孔隙等黄土特征。这些物质黏粒含量低，粗、细沙含量大于 60%，内聚力小，质地松散，易遭受风蚀，为风沙活动提供了丰富的沙源（申向东等，2012；陈广庭，1991）。

坝上地区位于蒙古高原的东南缘，海拔为 1500m 左右，总体上地势南高北低。南部有相对高度在 200m 以上的大马群山等，中部为略有起伏、海拔 1400m 左右的湖积高原、洪积冲积高原和冲积风积高原。从地质构造而言，这一区域依次可分为：①南部坝缘地带燕山穹折带，由中生代的喷出岩和新生代的流纹岩、安山岩、玄武岩所覆盖。②中部波状高原，属于古老的蒙古台背斜，基底由古老的片麻岩、片岩等变质岩系组成。燕山运动的多次大断裂形成了较多盆地，并在其中沉积了深厚的碎屑物质，同时伴随着花岗岩的侵入和火山喷发，构成了高原地貌骨架。新生代喜马拉雅运动沿断裂多次喷出玄武岩，洼地中沉积了各种类型的沉积物，逐渐形成现代波状高原的地貌。③北部阴山穹折带，为阴山山系东延余脉，基岩大部分由花岗岩和变质岩组成，经长期剥蚀风化已成为覆盖有残坡积物和风积物的低山、丘陵区（赵雪等，1997）。化德地区是阴山丘陵向开阔的蒙古高原过渡的地带，处于阴山东西复杂构造带和大兴安岭新华夏隆起带的交汇处。总体上说，这一地区主要是由古生代变质岩及古生代以来各期花岗岩侵入体构成的低缓残蚀丘陵和宽谷洼地，为封闭、半封闭的丘间盆地和丘陵地貌组合（高巨宝等，2006）。

2.3.2　气候、植被、土壤与水文特征

坝上高原化德地区位于欧亚大陆温带大草原东端，属典型的中温带大陆性半干旱气候，夏季温凉，冬季漫长寒冷。年平均降水量约为 330mm（1954～2003年），年平均气温约为 2.5℃（1954～2003 年），年平均蒸发量约为 2000mm（1954～2001 年）。降水主要集中在 6 月、7 月和 8 月，分别占年均降水量的 16%、28% 和23%。过去 50 年来，区域降水量没有明显的变化，但蒸发量自 20 世纪 60 年代末期至 90 年代初期显著增加，年平均气温也从 50 年代的 1.5℃升高至 90 年代的 4℃（Wang et al.，2006b）。

研究区主要受单向风控制，年合成输沙方向为西北西，且月变化较小。约 70%的风沙活动发生在 9 月至次年 3 月。根据 Fryberger 和 Dean（1979）的风环境分类系统，20 世纪 50 年代至 60 年代中期，区域处于中等风能环境控制之下；70年代区域主要在高风能环境控制之下，输沙势达 959VU；而自 80 年代至 21 世纪初输沙势持续降低，区域处于低风能环境控制之下（Wang et al.，2006a）。

坝上地区植被类型较为丰富，主要包括寒温性针叶林、落叶阔叶林、落叶阔叶灌丛、草原植被、沙地植被、草甸植被、沼泽植被和人工植被（赵雪等，1997）。

研究区地带性植被为典型草原与草甸草原的过渡性植被，但已严重退化，弃耕地上的天然植被除小叶锦鸡儿（*Caragana microphylla*）外，主要以菊科、蔷薇科和禾本科为主，主要包括褐沙蒿（*Artemisia intramongolica*）、黄蒿（*Artemisia scoparia*）、大籽蒿（*Artemisia sieversiana*）、赖草（*Leymus secalinus*）、鹤虱（*Lappula echinata*）、展枝唐松草（*Thalictrum squarrosum*）、牻牛儿苗（*Erodium stephanianum*）、扁蓿豆（*Melissitus ruthenicus*）、虫实（*Corispermum* sp.）、荞麦（*Fagopyrum esculentum*）、猪毛菜（*Salsola collina*）、尖头叶藜（*Chenopodium acuminatum*）、狗尾草（*Setaria viridis*）、二裂委陵菜（*Potentilla bifurca*）、地蔷薇（*Chamaerhodos erecta*）、并头黄芩（*Scutellaria scordifolia*）、苣荬菜（*Sonchus brachyotus*）、西伯利亚蓼（*Polygonum sibiricum*）、糙隐子草（*Cleistogenes squarrosa*）、燕麦（*Avena sativa*）、小龙胆（*Gentiana squarrosa*）、星毛委陵菜（*Potentilla acaulis*）、菊叶委陵菜（*Potentilla tanacetifolia*）、艾蒿（*Artemisia argyi*）、节节草（*Equisetum ramosissimum*）、小花花旗杆（*Dontostemon micranthus*）、黑蒿（*Artemisia palustris*）、冷蒿（*Artemisia frigida*）、旱麦瓶草（*Silene jeninensis*）、冰草（*Agropyron crisatum*）、大针茅（*Stipa grandis*）、硬质早熟禾（*Poa sphondylodes*）、阿尔泰狗哇花（*Heteropappus altaicus*）、牡蒿（*Artemisia japonica*）、黄囊苔草（*Carex korshinskyi*）、瓣蕊唐松草（*Thalictrum petaloideum*）、羊草（*Aneurolepidium chinense*）、菭草（*Koeleria cristata*）、百里香（*Thymus mongolicus*）、狼毒（*Stellera chamaejasme*）、长叶火绒草（*Leontopodium longifolium*）、多裂叶荆芥（*Schizonepeta multifida*）、克氏针茅（*Stipa krylovii*）、少叶早熟禾（*Poa paucifolia*）、蒙古羊茅（*Festuca dahurica* ssp. *mongolica*）、寸草苔（*Carex duriuscula*）和狭叶米口袋（*Gueldenstaedtia stenophylla*）等（李进等，1994）。

坝上高原除全新世形成的古沙丘、类黄土和湖相沉积物外，在古沙丘和黄土剖面中也存在发育并不十分典型的古土壤（盛学斌等，2000）。区域地带性土壤为栗钙土，但也有少量棕壤、褐土和灰色森林土；隐域性土壤有草甸土、风沙土和盐渍土。其中，栗钙土和沙质栗钙土主要分布在中西部地区。化德地区草原地表物质以风沙土和栗钙土为主，但过去50年来，约有50%的草原被开垦为农田（内蒙古草地资源编委会，1990）。

坝上高原的水系以季节性内陆河为主，只有鸳鸯河属于外流河，闪电河东部为外流区，西部为内流区。季节性、间歇性、流程短、河床浅、水量少为区域水系的特点，这些河流常汇入低洼地区潜水成湖，形成湖多河少的独特景观。该区域河流年径流量变化较小，但季节变化显著：春季由于冰雪融水补给，形成明显的春汛；6～9月径流量为全年最大时期，占全年流量的60%～80%；秋季径流量小于春季；由于冬季降水和地下水的补给极其有限，径流量为全年最低。此外，该地区地下水较为丰富，浅层地下水埋深一般为1～3m，深层地下水埋深为35～80m（赵雪等，1997）。

2.3.3　土地退化状况

坝上高原是季风气候与大陆气候、干旱与半干旱、湿润森林与荒漠草原、农区与牧区以及内陆流域与外流区域的过渡地带，是典型的生态环境脆弱区（袁金国等，2006；聂浩刚等，2004；孙武，1997）。自 19 世纪末期以来，坝上高原经历了三次大范围的草原开垦（申向东等，2012；朱震达和陈广庭，1994）。本书采样点的土地开垦则主要始于 20 世纪 30 年代，近几十年来，由于严重的风蚀问题（Dong et al.，2000）和过度开垦（朱震达等，1981）导致土地退化问题严重，沙漠化迅速发展。根据对遥感影像的分析，并结合土壤、植被、DEM 等数据以及野外调查等结果，80 年代中期坝上高原地区沙化土地面积为 54.7 万 hm^2，2000 年则增至 121.4 万 hm^2。其中，沙化耕地面积从 19.66 万 hm^2 增至 50.37 万 hm^2；沙化草地由 34.81 万 hm^2 增至 48.52 万 hm^2（袁金国等，2006）。但化德地区沙漠化土地监测结果显示，该地区沙漠化土地面积从 80 年代的 1733.80km^2 降至 2000 年的 1122.60km^2（薛娴等，2005）。

2.4　毛乌素沙地

毛乌素沙地位于鄂尔多斯高原南部和黄土高原北部区域，跨内蒙古、陕西、宁夏三省（自治区）（彩图 6），总面积约 32100km^2，约占我国沙漠总面积的 4.7%，其中，有三分之二的面积分布在内蒙古自治区鄂尔多斯市境内。该沙地位于北纬 37°27.5′～39°22.5′和东经 107°20′～111°30′，海拔为 1200～1900m，是我国沙漠化严重的典型地区之一。毛乌素沙地处在蒙古—西伯利亚反气旋高压中心向东南季风区的过渡带，土壤类型是栗钙土亚地带向棕钙土亚地带和黑垆土亚地带的过渡带，植被类型是荒漠草原和森林草原的过渡带，是大陆内流区向外流区的过渡区，也是风蚀和水蚀交错作用的地带。在地质地貌上，毛乌素沙地是风成沉积区向黄土沉积区的过渡区域；从景观生态学观点看，它具有高度景观异质性，为这一地区丰富的灌木生物多样性提供了复杂多样的生境。这一地区同时也曾是我国北方多民族杂居的农牧交错地带（王涛，2003）。总之，毛乌素沙地是我国北方一个非常特殊和敏感的生态过渡带。特殊的自然生态背景决定了其生态环境的脆弱性和易受损性，加之长期以来不合理的人类活动使该地区生态环境日益恶化。

毛乌素沙地灌丛沙丘主要分布在其西南缘，因此对其西南缘自然环境特征重点描述。毛乌素沙地西南缘年均温度为 8.5℃，年降水量为 300mm，年均风速为 2.7m/s，盛行西风和西北风，合成输沙势超过 54VU，属高风能环境（Wang et al.，2005b）。平均海拔 1300m（图 2.7）。地貌类型主要包括风成地貌、干燥地貌、湖成地貌和黄土地貌（李吉均，2009），其中，风成地貌类型约占区域总面积的 60%以上（图 2.8）。植被由典型草原（干草原）或荒漠草原为主的地带性植被组成，广泛发育白刺灌丛沙丘（彩图 6），集中分布区域约 1600km^2，形态参数空间差异较大。例如，灌丛沙丘和丘间地植被盖度在盐池一带分别在 80%和 40%左右，在定边一带分别在 60%和 20%左右；灌丛沙丘高度在盐池一带多在 2m 以上，在定边一带多为 1~2m。

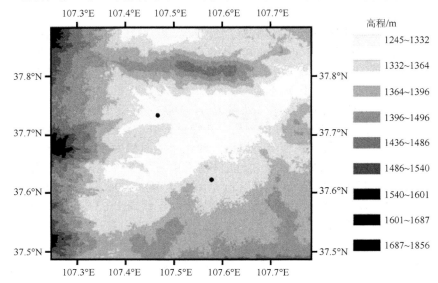

图 2.7　毛乌素沙地西南缘海拔高程
黑圆点为采样点

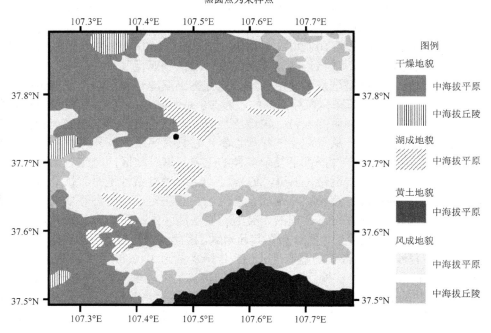

图 2.8　毛乌素沙地西南缘地貌类型
黑圆点为采样点

毛乌素沙地西南缘盐池县和定边县 1989～2012 年气象数据表明，近 20 多年来，盐池县年均气温、年降水量和年均风速分别为 8.7℃、295mm 和 2.5m/s，定边县年均气温、年降水量和年均风速分别为 9.0℃、337mm 和 3.1m/s。与盐池相比，定边气候相对暖湿，风力更为强劲。近 20 多年来，虽然两地气温与降水总体趋势相反（图 2.9），但相关系数分别为 0.701 和 0.737，均通过 0.01 的显著性检验水平。两地年均风速均呈减小趋势，相关系数为 0.656，通过 0.01 的显著性检验水平。

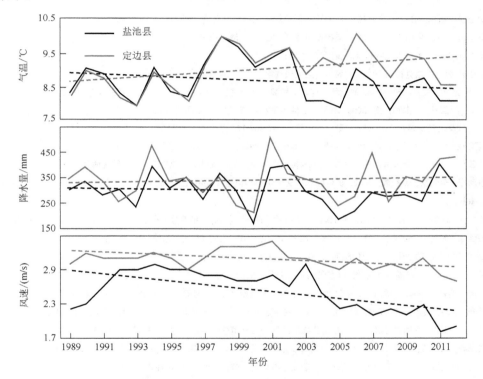

图 2.9　盐池和定边 1989～2012 年年均气温、降水量和风速变化趋势

虚线为线性拟合

参 考 文 献

常学礼. 1996. 坝上地区沙漠化过程对景观格局影响的研究. 中国沙漠, 16(3): 14-19.

陈炳蔚, 姚培毅, 郭宪璞, 等.1996. 青藏高原北部地体构造与演化: 格尔木-额济纳旗地学断面走廊域地质构造与演化研究. 北京: 地质出版社.

陈广庭. 1991. 内蒙古高原东南部现代沙漠化过程. 中国沙漠, (2): 14-22.

迟振卿, 王永, 姚培毅, 等. 2006. 内蒙古额济纳旗地貌特征及其构造、气候事件. 地质论评, 52(3): 370-378.

崔作丹, 李秋生, 孟令顺, 等. 1999. 格尔木-额济纳旗岩石圈结构与深部构造. 北京: 地质出版社.

董光荣, 李保生, 温向乐. 1993. 中国风沙地貌特征与演化//杨景春. 中国地貌特征与演化. 北京: 海洋出版社.

董治宝, 陈广庭. 1997. 内蒙古后山地区土壤风蚀问题初论. 土壤侵蚀与水土保持学报, 3(2): 84-90.

高巨宝, 聂金刚, 林晖敏, 等. 2006. 化德县降水特征分析. 内蒙古水利, (3): 19-20.

龚家栋, 程国栋, 张小由, 等. 2002. 黑河下游额济纳地区的环境演变. 地球科学进展, 17(4): 491-496.

海春兴, 马礼, 王学萌, 等. 2002. 农牧交错带典型地段土地沙化主要因素分析——以河北坝上张北县为例. 地理研究, (5): 543-550.

何兴东. 1997. 塔克拉玛干沙漠腹地天然植被调查研究. 中国沙漠, 17(2): 40-44.

胡玉昆, 潘伯荣. 1996. 塔克拉玛干沙漠公路沿线植被及特点. 干旱区研究, 13(4): 9-14.

贾承造. 1997. 中国塔里木盆地构造特征与油气. 北京: 石油工业出版社.

李吉均. 2009. 中华人民共和国地貌图集. 北京: 科学出版社.

李江风. 2003. 塔克拉玛干沙漠和周边山区天气气候. 北京: 科学出版社.

李进, 赵雪, 宝音, 等. 1994. 河北坝上弃耕地植被的演替特征及环境因子的影响. 中国沙漠, 14(4): 15-22.

刘斌, 门国发, 王占和, 等. 2008. 塔里木盆地地下水勘查. 北京: 地质出版社.

内蒙古草地资源编委会. 1990. 内蒙古草地资源. 呼和浩特: 内蒙古人民出版社.

聂浩刚, 王岷, 岳乐平, 等. 2004. 浅析坝上地区土地沙漠化问题. 西北地质, (3): 83-90.

钱云平, 林学钰, 秦大军, 等. 2005. 应用同位素研究黑河下游额济纳盆地地下水. 干旱区地理, 28(5): 574-580.

申向东, 李晓丽, 邹春霞. 2012. 寒旱区农牧交错带土壤风蚀运动特性及其影响因子研究. 北京: 中国水利水电出版社.

盛学斌, 孙建中, 刘云霞. 2002. 坝上地区土地利用与覆被变化对土壤养分的影响. 农村生态环境, 18(4): 10-14.

盛学斌, 孙建中, 刘云霞, 等. 2000. 坝上地区古土壤环境变化信息研究. 土壤与环境, (2): 87-90.

孙武. 1997. 波动性生态脆弱带的特征. 中国沙漠, 17(2): 95-99.

王涛. 2003. 中国沙漠与沙漠化. 石家庄: 河北科学技术出版社.

王涛, 李泽泽, 哈斯, 等. 1991. 河北坝上高原现代土地沙漠化的初步研究. 中国沙漠, 11(2): 42-48.

薛娴, 王涛, 吴薇, 等. 2005. 中国北方农牧交错区沙漠化发展过程及其成因分析. 中国沙漠, 25(3): 320-328.

袁金国, 王卫, 龙丽民. 2006. 河北坝上生态脆弱区的土地退化及生态重建. 干旱区资源与环境, 20(2): 139-143.

张光辉, 刘少玉, 谢悦波, 等. 2005. 西北内陆黑河流域水循环与地下水形成演化模式. 北京: 地质出版社.

赵雪, 赵文智, 宝音, 等. 1997. 河北坝上脆弱生态环境及整治. 北京: 中国环境科学出版社.

中国科学院塔克拉玛干沙漠综合科学考察队. 1993. 塔克拉玛干沙漠地区水资源评价与利用. 北京: 科学出版社.

周爱国. 2004. 中国西北干旱区额济纳盆地质生态学研究. 武汉: 中国地质大学.

周霞. 1995. 塔里木盆地的沙漠化成因及防止沙漠化的对策. 新疆师范大学学报(自然科学版), (1): 86-91.

周志毅. 2001. 塔里木盆地各纪地层. 北京: 科学出版社.

朱震达, 陈广庭. 1994. 中国土地沙质荒漠化. 北京: 科学出版社.

朱震达, 刘恕, 肖龙山. 1981. 草原地带沙漠化环境的特征及其治理的途径——以内蒙乌兰察布草原为例. 中国沙漠, 1: 57-60.

ARDON K, TSOAR H, BLUMBERG D G. 2009. Dynamics of nebkhas superimposed on a parabolic dune and their effect on the dune dynamics. Journal of Arid Environments, 73(11): 1014-1022.

CHEN F, WU W, HOLMES J A, et al. 2003. A mid-Holocene drought interval as evidenced by lake desiccation in the Alashan Plateau, Inner Mongolia China. Chinese Science Bulletin, 48(14): 1401-1410.

DONG Z, WANG X, LIU L. 2000. Wind erosion in arid and semiarid China: an overview. Journal of Soil and Water Conservation, 55(4): 439-444.

FRYBERGER S G, DEAN G. 1979. Dune forms and wind regime//Mckee E D. A study of global sand seas. Washington: United States Government Printing Office.

GREELEY R, IVERSEN J D. 1985. Wind as a Geological Process: On Earth, Mars, Venus and Titan. Cambridgeshire: Cambridge University Press.

GUO H, LIU H, WANG X, et al. 2000. Subsurface old drainage detection and paleoenvironment analysis using spaceborne radar images in Alxa Plateau. Science in China Series D: Earth Sciences, 43(4): 439-448.

HESP P, MCLACHLAN A. 2000. Morphology, dynamics, ecology and fauna of Arctotheca populifolia and Gazania rigens nabkha dunes. Journal of Arid Environments, 44(2): 155-172.

LANCASTER N. 1995. The Geomorphology of Desert Dunes. Oxon: Routledge.

LANGFORD R P. 2000. Nabkha (coppice dune) fields of south-central New Mexico, USA. Journal of Arid Environments, 46(1): 25-41.

LIVINGSTONE I, WARREN A. 1996. Aeolian Geomorphology: An Introduction. New York: Addison Wesley Longman Ltd.

PYE K, TSOAR H. 1990. Aeolian Sand and Sand Dunes. Boston: Unwin Hyman.

SUN D, BLOEMENDAL J, YI Z, et al. 2011. Palaeomagnetic and palaeoenvironmental study of two parallel sections of late Cenozoic strata in the central Taklimakan Desert: Implications for the desertification of the Tarim Basin. Palaeogeography, Palaeoclimatology, Palaeoecology, 300: 1-10.

SUN J, LIU T. 2006. The age of the Taklimakan Desert. Science, 312(5780): 1621.

TENGBERG A. 1995. Nebkha dunes as indicators of wind erosion and land degradation in the Sahel zone of Burkina Faso. Journal of Arid Environments, 30(3): 265-282.

TSOAR H. 2005. Sand dunes mobility and stability in relation to climate. Physica A: Statistical Mechanics and its Applications, 357(1): 50-56.

WANG N, LI Z, CHENG H, et al. 2011. High lake levels on Alxa Plateau during the Late Quaternary. Chinese Science Bulletin, 56(17): 1799-1808.

WANG X M, CHEN F H, DONG Z B. 2006a. The relative role of climatic and human factors in desertification in semiarid China. Global Environmental Change, 16(1): 48-57.

WANG X M, CHEN F H, DONG Z B, et al. 2005a. Evolution of the southern Mu Us Desert in north China over the past 50 years: an analysis using proxies of human activity and climate parameters. Land Degradation & Development, 16(4): 1-16.

WANG X M, DONG Z B, YAN P, et al. 2005b. Wind energy environments and dunefield activity in the Chinese deserts. Geomorphology, 65(1): 33-48.

WANG X M, DONG Z B, ZHANG J W, et al. 2002. Geomorphology of sand dunes in the Northeast Taklimakan Desert. Geomorphology, 42(3): 183-195.

WANG X M, WANG T, DONG Z B, et al. 2006b. Nebkha development and its significance to wind erosion and land degradation in semi-arid northern China. Journal of Arid Environments, 65(1): 129-141.

WANG X M, ZHANG C X, ZHANG J W, et al. 2010. Nebkha formation: Implications for reconstructing environmental changes over the past several centuries in the Ala Shan Plateau, China. Palaeogeography, Palaeoclimatology,

Palaeoecology, 297(3): 697-706.

WIGGS G F S, LIVINGSTONE I, THOMAS D S G, et al. 1994. Effect of vegetation removal on airflow patterns and dune dynamics in the southwest Kalahari Desert. Land Degradation & Development, 5(1): 13-24.

WIGGS G F S, THOMAS D S G, BULLARD J E, et al. 1995. Dune mobility and vegetation cover in the southwest Kalahari Desert. Earth Surface Processes and Landforms, 20(6): 515-529.

WOLFE S A, NICKLING W G. 1993. The protective role of sparse vegetation in wind erosion. Progress in Physical Geography, 17(1): 50-68.

YANG B, BRAEUNING A, JOHNSON K R, et al. 2002. General characteristics of temperature variation in China during the last two millennia. Geophysical Research Letters, 29(9): 1324.

ZHU Z. 1984. Aeolian landforms in the Taklimakan Desert//El-Baz. Deserts and arid lands.Netherlands: Springer Netherlands.

ZHAO W, CHANG X, HE Z, et al. 2007. Study on vegetation ecological water requirement in Ejina Oasis. Science in China Series D: Earth Sciences, 50(1): 121-129.

第 3 章　灌丛沙丘沉积物的测试方法和内容

3.1　加速器质谱 ^{14}C 测年

^{14}C 是碳的一种不稳定放射性同位素,是在大气圈中通过宇宙射线中的次生中子与 ^{14}N 核相互作用形成的。新生 ^{14}C 原子很快被氧化形成 CO_2,然后通过交换进入海洋和地下水,通过光合作用进入植物体,通过食物链进入动物体内。如此通过连续的交换和快速的混合,水圈和生物圈中碳同位素的比例(^{12}C:^{13}C:^{14}C)与大气圈中的比例相一致。一旦生物死亡或者碳酸盐等物质沉淀,这种碳的交换即停止。由于 ^{14}C 是不稳定同位素,它通过放射 β 粒子,衰变成稳定的 ^{14}N。随着放射性衰变的进行,生物体或碳酸盐中的 ^{14}C 同位素的原子数目随时间指数衰减,加速器质谱(accelerator mass spectrometric,AMS)方法通过计数样品中现存的 ^{14}C 原子数,进而获得其 ^{14}C 年代,并经过树轮校正,从而获得样品的日历年(Nakamura et al.,1985)。根据灌丛沙丘沉积物中植物残体的保存情况,主要选择植物当年生的叶片残体进行 AMS ^{14}C 测年。其中,塔克拉玛干沙漠腹地塔中剖面年代测定在中国科学院地球环境研究所黄土与第四纪地质国家重点实验室加速器质谱中心(西安)完成,其仪器设备、所用程序和误差范围在周卫健等(2007)文献中已有详细的描述;阿拉善高原额济纳剖面、坝上高原化德剖面及毛乌素沙地盐池和定边剖面的年代测定在北京大学加速器质谱实验室(北京)完成。树轮校正所用程序为 Calib 6.1.0(Stuiver,1993),所用曲线为 IntCal09(Reimer et al.,2009)。

3.2　粒度组成分析

采用英国马尔文公司生产的 Mastersizer 2000 型激光粒度仪,对灌丛沙丘风成沉积物中小于 2mm 的颗粒组分进行粒度分析,该仪器的测量范围为 0.02～2000μm,多次重复测量的误差小于 2%,实验在兰州大学西部环境教育部重点实验室完成。粒度分析的前处理程序如下:

(1)根据风成沉积物的粒度特性,称取 0.4～1.2g 样品不等,置入烧杯中。

(2)加入浓度为 10% 的 H_2O_2,加热煮沸以去除样品中的有机质。由于灌丛沙丘沉积物中有机质含量较高,加入 H_2O_2 的量视反应情况而定(一般大于 10mL)。

（3）加 10mL 浓度为 10%的 HCl，去除沉积物中的碳酸盐。

（4）待上述反应结束，注满过滤水，并静置 12h 以上。

（5）测试前移除上清液，加 10mL 浓度为 0.05mol/L 的六偏磷酸钠(NaPO$_3$)$_6$，在超声波发生器中震荡 5～7min，待测。

3.3 碳酸盐含量分析

利用 Bascomb Calcimeter 国际标准碳酸盐计（Machette，1986；Bascomb，1961）对灌丛沙丘风成沉积的碳酸盐含量测定，实验在兰州大学西部环境教育部重点实验室采用滴定法完成。步骤如下：

（1）用纯 CaCO$_3$ 反应 3 次，使 Calcimeter 玻璃杯和玻璃管中水的 CO$_2$ 达到饱和，并检验碳酸盐计的精确度。

（2）称取 0.5g 样品，置入事先准备好的圆形塑料盒中。

（3）用长柄镊子将塑料盒放入盛有足量稀盐酸的锥形瓶，保持塑料盒直立，使其不与稀盐酸接触。

（4）将锥形瓶与 Calcimeter 碳酸盐计连接，然后摇动锥形瓶，使样品充分反应。

（5）记录生成的 CO$_2$ 的体积（V）、气温（T）、气压（P）；每隔 20 个样品测试 2 个标样，用于校正实验数据。

根据化学方程式（3.1）和理想气体方程式（3.2）：

$$CaCO_3 + 2HCl \rightleftharpoons CaCl_2 + CO_2\uparrow + H_2O \tag{3.1}$$

$$PV = nRT \tag{3.2}$$

可得碳酸盐含量（W）为

$$W = 100PV/(RTm) \tag{3.3}$$

式中，P 为气压（kPa）；V 为 CO$_2$ 气体体积（L）；R 为摩尔气体常量[8.3145 J/（mol·L）]；T 为绝对温度（K）；m 为样品重量（g）；n 为物质的量（mol）。

3.4 地球化学元素分析

在兰州大学西部环境教育部重点实验室完成样品的制备之后，利用 X 射线荧光光谱仪（AXIOS，PANalytical B.V.，Almelo，The Netherlands）对灌丛沙丘沉积物和下伏地层样品进行地球化学元素分析，测试在中国科学院寒区旱区环境与工程研究所沙漠与沙漠化重点实验室完成。样品处理及制备的主要过程如下：

（1）对样品进行筛分，获取小于 2mm 的组分。

（2）将样品研磨至 200 目以下（小于 74μm）。

（3）将 4g 左右研磨好的样品压制成直径为 32mm 的圆饼状，待测。

所测试的常量元素主要以氧化物的形式表示，包括 SiO_2、Al_2O_3、Fe_2O_3、MgO、CaO、Na_2O、K_2O 和 TiO_2；微量元素包括 P、V、Cr、Mn、Co、Ni、Cu、Zn、Ga、As、Rb、Sr、Y、Zr、Nb、Ba、Ce 和 Pb。除 Cr、Co、V 和 Pb 等元素外，大多数元素测量的相对标准差小于±5%。

3.5　TOC 含量、TN 含量、有机质含量和 C/N 值分析

目前，沉积物的 TOC 和 TN 含量分析测试方法主要包括烧失法、滴定法（重铬酸钾-硫酸氧化法）和元素分析仪法等。本书采用元素分析仪法，在中国科学院寒区旱区环境与工程研究所水文与水土资源研究室完成。首先，称取 0.2g 颗粒组分小于 2mm 的沉积物，以锡纸包裹；其次，采用 vario MACRO cube 元素分析仪（Elementar Analysensystem GmbH, Germany）测出总碳（TC）和总氮（TN）含量；最后，减去采用中和滴定法获得的无机碳含量，进而获得 TOC 含量。TOC 和 TN 含量数据由实验室给出，C/N 值为 TOC 和 TN 含量的比值。有机质含量公式计算：TOC 含量=有机质含量/1.724588。

3.6　有机碳同位素分析

植物残体的有机碳同位素（$\delta^{13}C$）测试分析采用 Flash EA1112 元素分析仪-Conflo III-Delta Plus 同位素质谱仪联用，在兰州大学西部环境教育部重点实验室完成。样品前处理主要过程包括：

（1）选取当年生柽柳叶片残体，用蒸馏水浸泡并洗净。

（2）在干燥箱中 60℃低温干燥 48h，用玛瑙研钵磨至 120μm 以下。

（3）称取 0.06～0.09mg 待测样品，装入锡杯，包好待测。

有机碳稳定同位素测试结果用 $\delta^{13}C = (R_{样} - R_{标})/R_{标} \times 1000$ 表示。式中，R 为重同位素与轻同位素的比值（$^{13}C/^{12}C$），$R_{样}$ 和 $R_{标}$ 分别为样品和标准的碳同位素的比值。测试结果采用碳同位素国际统一 PDB 标准，实验分析误差为±0.1‰。

参 考 文 献

周卫健, 卢雪峰, 武振坤, 等. 2007. 西安加速器质谱中心多核素分析的加速器质谱仪. 核技术, 30(8): 702-708.

BASCOMB C L. 1961. A calcimeter for routine use on soil samples. Chemistry and Industry, 45: 1826-I827.

MACHETTE M. 1986. Calcium and Magnesium Carbonates. Washington and Denver: US Government Printing Office.

NAKAMURA T, NAKAI N, SAKASE T, et al. 1985. Direct detection of radiocarbon using accelerator techniques and its application to age measurements. Japanese Journal of Applied Physics, 24(12): 1716-1723.

REIMER P J, BAILLIE M G L, BARD E, et al. 2009. IntCal09 and Marine09 radiocarbon age calibration curves, 0~ 50,000 years cal BP. Radiocarbon, 51(4): 1111-1150.

STUIVER M. 1993. Extended ^{14}C data base and revised CALIB 3.0 ^{14}C age calibration program. Radiocarbon, 35: 215-230.

第4章 塔克拉玛干沙漠灌丛沙丘形成发育及其对环境变化的响应

本章对塔克拉玛干沙漠腹地塔中地区柽柳灌丛沙丘剖面沉积物粒度、碳酸盐含量及植物残体稳定碳同位素（$\delta^{13}C$）进行了分析，并利用当年生柽柳叶片残体获得的 AMS ^{14}C 定年结果建立了剖面年代序列。基于对各代用指标环境意义的探讨，重建了塔克拉玛干沙漠腹地近 700 年来的风沙环境演化史及近 500 年来的水分条件和生态环境变化。在此基础上，结合树轮、冰芯、湖泊沉积、风成沉积剖面等记录的塔克拉玛干沙漠周边气候变化研究成果，揭示了塔克拉玛干沙漠腹地气候环境变化的区域差异与机制。

4.1 塔中灌丛沙丘剖面描述

2010 年 10 月，在塔克拉玛干沙漠腹地塔中地区选取了一个典型处于增长阶段的塔克拉玛干柽柳（*Tamarix taklamakanensis*）灌丛沙丘（38°51.607′ N，83°30.554′ E，1115m a.s.l.）。所选灌丛沙丘发育于流动沙丘丘间地上，长约14m，高约 5m，近似椭圆形[彩图 7（a）]。在柽柳生长季末期（10 月底），该沙丘表面植被盖度仍保持在约 30%。因塔克拉玛干沙漠腹地主要在东北风系控制下，柽柳在沙丘南侧长势较好。为与优势风向一致，从沙丘北侧向中心位置开挖获得垂直剖面[彩图 7（b）]。自沙丘顶部向下，尤其是沙丘上部 0～172cm，植物残体与风成沉积交错堆积，但层理不是十分清晰，很难按照纹层进行取样。因此，在野外作业中，根据实际情况和剖面特性，以 2cm 间隔分层取样，共获得 241 个样品。野外取样记录及室内样品处理结果显示，自灌丛沙丘顶部向下至 270cm，柽柳植物残体连续出现，但自 272～330cm 间断出现，至 332cm 以下无法目测到柽柳植物残体。从岩性角度分析，该沙丘地层包括三种沉积物类型：自灌丛沙丘顶部向下 330cm，为风成沉积与植物残体混合堆积；自 332～482cm 主要为风成沉积；自 482cm 以下则为季节性积水形成的湖相沉积，且以粉砂和黏土为主（图 4.1）。此外，根据柽柳生长特性，在灌丛沙丘剖面深度 160cm、238cm 和 328cm 处（自灌丛沙丘顶部向下）

分别挑选柽柳当年生叶片残体进行 AMS ¹⁴C 定年。因分析材质限制，主要对灌丛沙丘顶部至深度 328cm 的风沙-植物残体堆积进行分析。

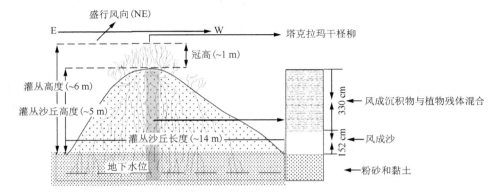

图 4.1　塔中灌丛沙丘开挖剖面示意图

4.2　塔中灌丛沙丘形成发育过程

塔克拉玛干沙漠腹地灌丛沙丘形成机理与中国其他干旱地区可能存在差异（Wang et al., 2008, 2006a, 2002a）。在塔克拉玛干沙漠腹地，灌丛沙丘可能发育于流动沙丘或沙片之上。野外考察与样品采集过程发现，取样剖面沉积物由沙丘底部向上，依次表现为黏土和粉砂为主的下伏地层、风成沙沉积物、风成沙和柽柳植物残体混合物等类型。结合柽柳生长特性和沉积物实验分析结果可推断塔克拉玛干沙漠腹地灌丛沙丘形成发育主要经历了四个阶段（图 4.2）：首先，随季节性湖泊或潜水干涸，丘间地开始发育小尺度流动新月形沙丘或沙片[图 4.2（a）]；其次，当流动沙丘增至一定高度时，较好的水分条件有利于塔克拉玛干柽柳在这些小型流动沙丘上生长，风成物质不断在灌丛内部及周围堆积，进而形成早期灌丛沙丘[图 4.2（b）]；再次，在植被和风沙活动共同作用下，来自邻近流动沙丘或丘间地的风成物质继续堆积，灌丛沙丘在大型沙丘丘间地中不断发育并记录了区域环境，如风力和水分条件变化情况等[图 4.2（c）]；最后，因达到生长上限，或因水分条件恶化，或受塔克拉玛干柽柳本身生物特性限制，灌丛沙丘开始退化，并最终演化为沙片或分散的流动沙丘[图 4.2（d）]。

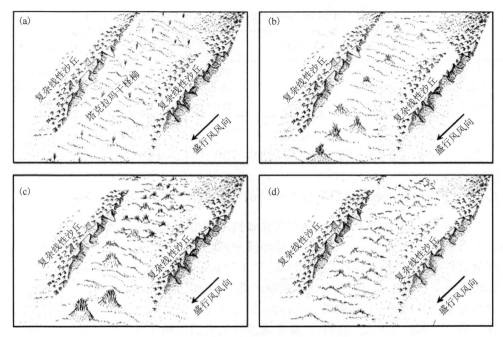

图 4.2　塔克拉玛干沙漠腹地灌丛沙丘形成发育模式简图

（a）灌丛沙丘初步形成；（b）灌丛沙丘增长；（c）灌丛沙丘大量发育；（d）灌丛沙丘衰退

4.3　塔中灌丛沙丘年代序列建立

塔克拉玛干柽柳（*Tamarix taklamakanesis*）为落叶灌木，柽柳灌丛沙丘埋藏的当年生柽柳叶片残体，为 AMS ^{14}C 定年提供了良好材料。鉴于取样时间（2010年 10 月底）在柽柳当年生长季末期，该年度风成沉积和柽柳落叶残体已堆积，因此灌丛沙丘表层沉积年代视为 2010 年。AMS ^{14}C 测年结果显示，在剖面深度（自灌丛沙丘顶部向下）160cm、238cm 和 328cm 处，其年代分别为 1810AD、1661AD和 1359AD（表 4.1），显示该灌丛沙丘形成于 1359AD 左右，已有近 700 年历史。通过对相邻 AMS ^{14}C 测年结果进行线性内插，从而建立了灌丛沙丘年代序列。根据取样间隔（2cm），该灌丛沙丘剖面平均分辨率为 3.97 年，其中，1810～2010AD时段分辨率最高，达 2.54 年。此外，基于测年结果计算的取样灌丛沙丘不同时段净堆积速率（堆积与侵蚀的差值）如下：1359～1661AD 为 0.30cm/a，1661～1810AD为 0.52cm/a，1810～2010AD 为 0.79cm/a，1359AD 以来为 0.50cm/a。

表 4.1   塔克拉玛干沙漠腹地灌丛沙丘 AMS ^{14}C 测年及校正的日历年

样品号	深度/cm	材料	^{14}C 年代/a BP	日历年范围 /(2σ/cal AD)	日历年/cal AD	校正程序
TK80	160	植物残体	152±33	1666～1953	1810	Calib6.1.0
TK119	238	植物残体	251±34	1519～1802	1661	Calib6.1.0
TK164	328	植物残体	581±42	1297～1421	1359	Calib6.1.0

4.4   塔克拉玛干沙漠腹地近 700 年来的风沙环境演变

4.4.1   灌丛沙丘剖面粒度和碳酸盐含量的环境指示意义

据近 50 年来的器测资料，已有研究者揭示了塔克拉玛干沙漠的现代风环境特征。例如，20 世纪 60～80 年代，该沙漠中部的风沙活动在逐渐减弱，且年际变化显著，而 80 年代后风沙活动趋于稳定（Zu et al.，2008；Wang et al.，2005a）。在较长时间尺度上，如自末次冰期或晚冰期以来，塔里木盆地周边的气候变化（钟巍和熊黑钢，1999；靳鹤龄等，1994）、盆地演化（王跃等，1992）、风沙地貌（李保生等，1990；朱震达，1981）及风成沙和黄土的沉积环境（李保生等，1993）均得到了广泛研究。上述研究表明，风沙环境演变对风沙地貌形成（Greeley and Iversen，1985）及区域生态环境（Ardon et al.，2009；Tsoar，2005；Greeley and Iversen，1985）均有重要影响。目前，对塔克拉玛干沙漠周边气候环境重建虽有一些成果（Liu et al.，2011；Chen et al.，2010a，2010b），但在沙漠腹地，因高分辨率载体缺乏，以及流动沙丘复杂的动力学过程和沉积结构，在千年或百年尺度上，塔克拉玛干沙漠腹地的风沙环境演化历史并未被很好地重建。此外，在宏观尺度上，受蒙古—西伯利亚高压位置和地貌格局影响，春季和夏初塔克拉玛干沙漠主要受控于蒙古—西伯利亚高压，近地面气流主要由偏北、偏东风系所控制（董光荣等，1993）。然而，由于受区域地形的影响，塔克拉玛干沙漠风沙环境受地方性风系和蒙古—西伯利亚高压共同控制，但目前研究中，在千年或百年尺度上直接反映地形地貌与大尺度环流共同作用于区域风沙环境演变过程的证据并不多见。

风沙运动中，风速达到起动风速之后，颗粒将以蠕移、跃移、变性跃移和悬移等方式运动（Livingstone and Warren，1996；Pye and Tsoar，1990）（图 4.3）。变性跃移是指介于跃移和悬浮之间，颗粒通过气流移动具有随机轨迹的运动方式，其运动轨迹受颗粒惯性和沉降速度共同影响。研究表明，在一次典型的中等风暴中，粒径大于 500μm 的颗粒组分以蠕移方式运动；100～500μm 的颗粒组分以变性跃移方式运动；63～100μm 的颗粒组分以纯跃移方式运动，在大多数床面条件下，跃移高度在 2m 之内；悬移是指粒径小于 63μm 的颗粒组分飘浮在空中，并随气流漂移的过程，根据颗粒大小，分为长期悬移（<20μm）和短期悬移（20～63μm）。

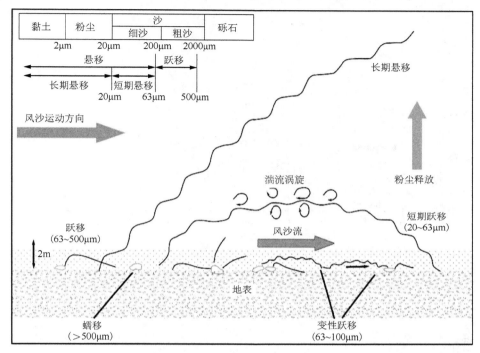

图 4.3 风沙运动中颗粒运动形式示意图

Pye and Tsoar，1990

沉积物粒度组成因包含丰富的气候环境变化信息，在黄土、深海和湖泊沉积等研究中被广泛应用（Ding et al.，2002；Prins et al.，2000；Livingstone et al.，1999；Prins and Weltje，1999；Campbell，1998；Xiao et al.，1995；Clemens and Prell，1990；Rea et al.，1988；King et al.，1982）。植被类沙丘的风成沉积与上述沉积不同，主要因灌丛沙丘形态-动力学过程不仅受风况影响，其表面生长的植被还可提高对风沙物质的捕获能力，有利于植被类沙丘发育（Wiggs et al.，1995，1994；Wolfe and Nickling，1993）。随着植物生长，风成物质不断在其周围堆积而形成灌丛沙丘，并记录了不同堆积时期的气候环境信息。就沙丘中风成沉积而言，其主要由 6～500μm 的颗粒组分组成（Lancaster，1995），这部分颗粒主要通过跃移方式运动（Pye and Tsoar，1990）（图 4.3）。但在灌丛沙丘发育过程中，颗粒运移方式尤为复杂（Hesp and Martinez，2008），主要是因颗粒平均跃移高度不但随风速和颗粒粒径变化（图 4.4），且随沙丘坡度增加，颗粒起动风速也在增大（Iversen and Rasmussen，1994）。因此，随灌丛沙丘高度增长，沙丘表面颗粒运移方式发生变化，风成沉积粗颗粒组分百分含量和中值粒径逐渐减小。

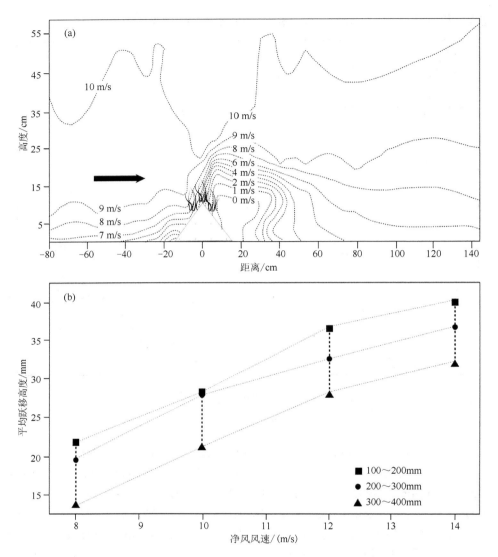

图 4.4　灌丛沙丘表面流场图（a）及风洞实验中不同风速段和不同粒级平均跃移高度（b）

(a) 武胜利等，2006；(b) Dong et al.，2006

　　在重建历史时期气候环境演化研究中，碳酸盐含量作为一个良好代用指标得到了广泛应用。碳酸盐含量变化受碳酸盐来源影响，如软体动物壳体丰度（An et al.，2004）、外来粉尘输入（Antoine et al.，1999），或者由于区域土壤溶液蒸发而导致碳酸盐沉淀（Dever et al.，1987）等。在半干旱区，脱碳酸盐化、降水所导致的碳酸盐溶解、成壤作用和化学风化可能会使碳酸盐含量发生变化（Ding et al.，2001）。在黄土—古土壤序列中，碳酸盐含量变化常被视为指示降水变化的良好指标（Ding et al.，2001；Fang et al.，1999；Gallet et al.，1996）；在湖泊沉积中，碳酸盐形成受水温、生物生产力、湖水盐度等多种因素控制，常被用来指示区域蒸降比变化（Zhu et al.，2008；Shen et al.，2005；Chen et al.，1999）；在 Mojave 沙漠中，土壤剖面碳酸盐形成则指示了土壤湿度和根系活力较低的干旱气候条件（Schlesinger，1985）。另外，原生碳酸盐或次生碳酸盐中来自原生碳酸盐重结晶的部分，可以指示原始风成物质碳酸盐含量（Chen and Li，2011；Eghbal and Southard，1993），常常被用来示踪物源（Li et al.，2007；Wang et al.，2005b；Antoine et al.，1999）。然而，Wang 等（2005b）和 Schlesinger（1985）通过分析干旱区荒漠土和表土中钙质层的形成，认为碳酸盐含量与年降水量并不具有很好的相关性。在塔克拉玛干沙漠腹地，年降水量仅为 27.8mm，而蒸发量高达近 3000mm。虽然灌丛沙丘沉积物碳酸盐（如 $CaCO_3$）含量变化情况与器测降水量、温度、蒸发量可能存在相关性，但碳酸盐含量与温度、蒸发量的关系较为密切（图 4.5）。此外，已有研究表明在极端干旱区，如塔克拉玛干沙漠腹地，蒸发量是控制化学风化的主要因素（刘铁庚等，2007）。也就是说，高蒸发量会导致化学风化程度增加，细颗粒组分中的碳酸盐含量增高，同时，为研究区灌丛沙丘的形成提供充足物源。

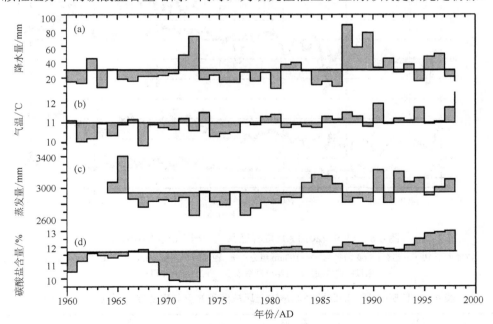

图 4.5　气象站器测数据与塔中灌丛沙丘沉积物碳酸盐含量对比

（a）民丰和安德河气象站 1960～1998 年器测降水量平均值；（b）民丰和安德河气象站 1960～1998 年器测气温平均值；（c）民丰气象站 1964～1998 年的蒸发量；（d）塔中灌丛沙丘沉积物碳酸盐含量；器测气象资料分辨率为 1 年，碳酸盐含量数据分辨率为 2.54 年

4.4.2　灌丛沙丘剖面粒度与碳酸盐含量结果分析

灌丛沙丘剖面深度为 2～328cm 的（灌丛沙丘高度为 482～156cm）沉积物粒度分析显示，粒径小于 20μm、20～63μm、63～100μm 和大于 100μm 颗粒组分平均百分含量分别为 3.01%（SD：1.29%，SD 为标准差）、12.57%（SD：2.73%）、35.56%（SD：3.17%）和 48.86%（SD：6.47%）（图 4.6 和表 4.2）。灌丛沙丘高度自 156cm 增长至 482cm，也就是 1360～2010AD，大于 100μm 颗粒组分百分含量呈现下降趋势，而另 3 个组分百分含量则相应升高，期间存在几次波动幅度较大的时段，如 1365～1380AD、1440～1460AD、1520～1540AD、1640～1680AD 和 1860～1920AD。

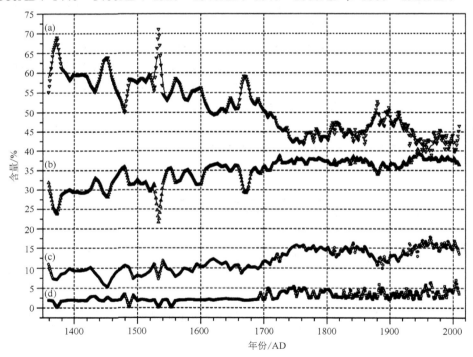

图 4.6　1359～2010 AD 取样灌丛沙丘剖面沉积物粒度变化

（a）粒径大于 100μm 组分；（b）粒径为 63～100μm 组分；（c）粒径为 20～63μm 组分；（d）粒径小于 20μm 组分；
通过线性内插法获得年分辨率数据，并进行 10 年滑动平均

表 4.2　1359～2010AD 取样灌丛沙丘风成沉积粒度与碳酸盐含量统计分析结果

指标	最小值	最大值	平均值	标准差
粒径小于 20μm 含量/%	0.00	7.07	3.01	1.29
粒径为 20～63μm 含量/%	5.25	18.18	12.57	2.73
粒径为 63～100μm 含量/%	21.34	40.44	35.56	3.17
粒径大于 100μm 含量/%	37.06	71.55	48.86	6.47
中值粒径/μm	87.00	145.00	99.00	8.00
碳酸盐含量/%	9.58	13.03	11.40	0.75

　　过去近 7 个世纪以来，取样灌丛沙丘风成沉积中值粒径在 87～145μm 波动，平均值为 99μm，标准差为 8μm（表 4.2）。随灌丛沙丘高度增长，沉积物中值粒径整体呈现明显降低趋势，但其中存在几个在波动中升高的阶段，分别是沙丘高度发育至 194～218cm（对应于 1485～1565AD，S1）、242～262cm（对应于 1645～1690AD，S2）、302～336cm（对应于 1765～1825AD，S3）、366～418cm（对应于 1865～1930AD，S4）和 450～462cm（对应于 1970～1985AD，S5）（图 4.7）。此外，相关性分析显示，中值粒径与粒径大于 100μm 颗粒组分百分含量表现为强正相关，在 0.01 显著性水平下，Pearson 相关系数达 0.975，与粒径小于 20μm、20～63μm 和 63～100μm 颗粒组分百分含量则呈负相关关系，Pearson 相关系数分别为 -0.674、-0.879 和 -0.958（表 4.3）。这些结果表明，灌丛沙丘发育过程中，来自于邻近地区的跃移组分（100～500μm）是灌丛沙丘风成沉积的主要来源。

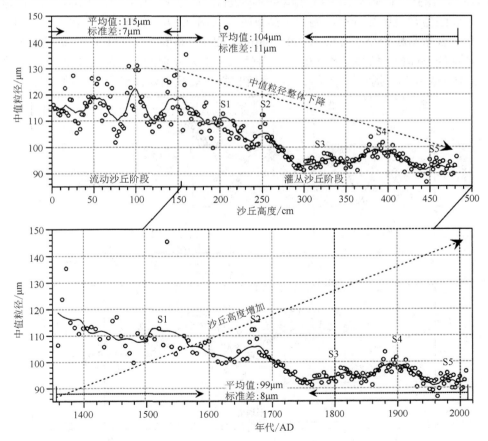

图 4.7　近 700 年来取样灌丛沙丘剖面沉积物中值粒径变化及特征时段（S1～S5）

曲线为 10 点滑动平均

表 4.3　取样灌丛沙丘剖面沉积物粒度、碳酸盐含量相关性分析结果

项目	<20μm	20~63μm	63~100μm	>100μm	中值粒径	碳酸盐含量
<20μm	1.000	0.597**	0.512**	−0.703**	−0.674**	0.185*
20~63μm	0.597**	1.000	0.823**	−0.945**	−0.879**	0.158*
63~100μm	0.512**	0.823**	1.000	−0.940**	−0.958**	0.158*
>100μm	−0.703**	−0.945**	−0.940**	1.000	0.975**	−0.181*
中值粒径	−0.674**	−0.879**	−0.958**	0.975**	1.000	−0.200*
碳酸盐含量	0.185*	0.158*	0.158*	−0.181*	−0.200*	1.000

注: *和**分别代表在 0.05 和 0.01 显著性水平下的 Pearson 相关系数。

在灌丛沙丘高度 156~482cm,沉积物碳酸盐含量有轻微波动,平均含量为 11.40%,标准差为 0.75%(表 4.2)。其中,灌丛沙丘高度为 192~240cm(对应于 1480~1640AD,S1)、266~322cm(对应于 1700~1805AD,S2)、346~360cm (对应于 1835~1855AD,S3)和 454~482cm(对应于 1975~2010AD,S4)阶段 时,碳酸盐含量明显升高,为四个高值时段(图 4.8)。此外,统计学结果表明, 碳酸盐含量与粒径小于 20μm、20~63μm、63~100μm、大于 100μm 颗粒组分百 分含量的 Pearson 相关系数(0.05 显著性水平下)分别为 0.185、0.158、0.158 和 −0.181(表 4.3),揭示了灌丛沙丘剖面沉积物碳酸盐主要富集于较细颗粒组分中。

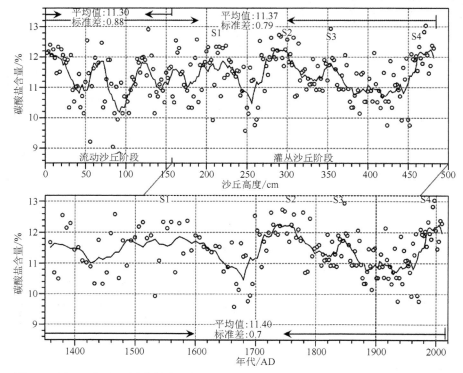

图 4.8　近 700 年来取样灌丛沙丘剖面沉积物碳酸盐含量变化及特征时段(S1~S4)

曲线为 10 点滑动平均

4.4.3　灌丛沙丘沉积物揭示的塔克拉玛干沙漠腹地风沙环境

塔克拉玛干沙漠冬末和初春风沙活动频繁，一方面是因该区域深受蒙古—西伯利亚高压影响，大风天气频繁（Pye and Zhou，1989），另一方面是因塔里木盆地内部发育的地方性风系也较强（Uno et al.，2005；朱震达，1981）。例如，自西部帕米尔高原一些山口进入盆地的北西向西风环流，以及在达坂城—哈密风口倒灌入盆地的北东和北东东向环流，这股绕流在低空形成东风急流（Fang et al.，2002）。虽然这两个风系均受控于西伯利亚高压强度变化（Meeker and Mayewski，2002），但这些风系与其他风系共同作用，对塔克拉玛干沙漠风沙环境产生了深远影响。

流动沙丘不同坡向风沙沉积粒度有明显差异（Wang et al.，2003），本书取样灌丛沙丘发育于流动沙丘之上，由于野外无法观测到下伏流动沙丘坡向，因此本书仅讨论灌丛沙丘风成沉积（沙丘高度为 156～482cm）的粒度变化对区域风沙环境演变的指示意义。结果表明，虽然随灌丛沙丘高度增长，风成沉积中粗颗粒组分百分含量和中值粒径逐渐减小，但在灌丛沙丘发育的不同阶段仍有波动，记录了区域风沙环境演变过程。近 700 年来，灌丛沙丘发育过程记录了塔克拉玛干沙漠腹地塔中地区至少经历了五个风沙活跃期，分别是 1485～1565AD、1645～1690AD、1765～1825AD、1865～1930AD 和 1970～1985AD（图 4.6，S1～S5）。

上述结果可以采用现代器测记录进行验证。虽然利用 AMS ^{14}C 测年建立的灌丛沙丘年代序列无法达到与器测资料进行逐年对比的精度，但自 1810AD 以来，该剖面分辨率达到 2.54 年，通过粒度数据与器测风速数据对比发现两者变化趋势一致，且在时间上超前或滞后不到 10 年。例如，灌丛沙丘剖面沉积物中值粒径和粗颗粒组分百分含量揭示的区域风沙活跃期与沙漠腹地上风向若羌地区器测的风沙活跃期相一致（图 4.9）。因此，在塔克拉玛干沙漠腹地，灌丛沙丘风沙沉积的粗颗粒组分百分含量和中值粒径变化可以揭示区域风沙环境演化史。此外，本书研究结果也表明，灌丛沙丘沉积物粒径小于 20μm、20～63μm、63～100μm 颗粒组分百分含量与粒径大于 100μm 的颗粒组分百分含量呈负相关，揭示了强烈的风沙活动并不能带来更多的较细颗粒组分。前人研究也显示，虽然细颗粒组分含量随近地面风速增大而增加，但粒径小于 10μm 颗粒组分百分含量与风速具有较弱的负相关关系（Simpson，1990），2.5～10μm 颗粒组分含量随风速增大至 4m/s 而逐渐减少，之后随风速继续增大其含量逐渐增加（Jones et al.，2010；Harrison et al.，2001）。在塔克拉玛干沙漠腹地的塔中地区，强烈的风沙活动可能会导致灌丛沙丘沉积物细颗粒组分百分含量下降，但其含量变化不能作为指示区域风沙活动强度的替代指标。

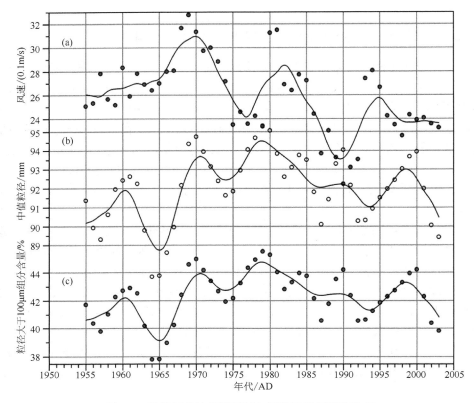

图 4.9　若羌气象站器测风速与灌丛沙丘沉积物粒径

（a）若羌气象站 1955～2003 年器测年均风速；（b）灌丛沙丘沉积物粒径大于 100μm 颗粒组分的百分含量；（c）灌丛沙丘沉积物中值粒径。器测数据的分辨率为 1 年，沉积物粒度数据的分辨率为 2.54 年，平滑线为 5 年滑动平均

　　在取样灌丛沙丘形成之前，其下伏流动沙丘碳酸盐含量为 11.30%，而灌丛沙丘风成沉积的碳酸盐含量为 11.40%，显示了在极端干旱区，风化作用和成土过程非常微弱。由于灌丛沙丘沉积物中的碳酸盐主要来自邻近地区，所以其含量变化可以指示沉积物堆积过程中的区域环境变化。此外，灌丛沙丘沉积物中碳酸盐含量与细颗粒组分百分含量呈正相关，而与粗颗粒组分百分含量呈负相关（表 4.3）。这些结果表明，近 700 年来，尽管研究区风化作用非常微弱，灌丛沙丘沉积物中碳酸盐含量变化较小，但仍记录了四个风化强度相对较高的时期，分别是 1480～1640AD、1700～1805AD、1835～1855AD 和 1975～2010AD（图 4.8，S1～S4）。本书研究结果表明上述时段灌丛沙丘沉积物细颗粒组分含量也较高，两者具有一定的相关性（图 4.6），也就是说，在上述时段，塔克拉玛干沙漠腹地有较丰富的细颗粒粉尘物质，并被灌丛沙丘发育过程所记录。

　　由于地形等因素影响，过去近 700 年以来，塔克拉玛干沙漠腹地风环境演变与中亚其他地区有所差异。例如，Meeker 和 Mayewski（2002）根据格陵兰中部 GISP2 冰芯中陆源非海盐 K 离子（non-seasalt potassium）含量变化，并利用 1899～1986

年器测资料校正，重建了 1400 年以来西伯利亚高压变化。他们的研究显示，近 700
年来西伯利亚高压强度波动频繁且幅度较大，并存在四个高压尤为强烈的时期，分
别是 1400～1560AD、1600～1750AD、1790～1840AD 和 1880～1940AD[图 4.10（a）]。
在咸海地区，Sorrel 等（2007）利用咸海湖泊沉积物中碎屑物质输入含量变化，主
要是抗风化能力较强的 Ti 含量变化[图 4.10（c）]，揭示了 1500 年以来中亚西部风
力强度变化情况。近 700 年来，在 1360～1460AD、1530～1560AD、1570～1700AD
和 1730～1920AD 时期，咸海地区初春风力较强。本书分析显示，在塔克拉玛干沙
漠腹地，1485～1565AD、1645～1690AD、1765～1825AD、1865～1930AD 和
1970～1985AD 时段是区域风力较强时期[图 4.7，S1～S5；图 4.10（b）]，这一
重建结果虽然与西伯利亚高压和咸海地区风力变化趋势较一致，但仍存在一定差异
（图 4.10），进一步说明了地方性风系发育对塔中风沙环境演变有不可忽略的影响。

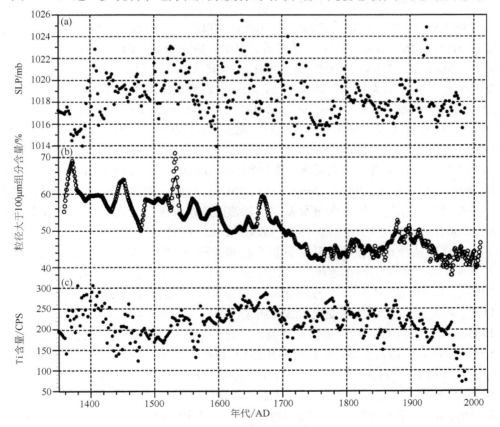

图 4.10　西伯利亚高压变化、风力变化及塔中风环境演化

（a）格陵兰 GISP2 冰芯记录的西伯利亚高压变化（据 Meeker and Mayewski，2002）；（b）咸海湖泊沉积 CH1
钻孔 Ti 含量变化揭示的咸海地区风力变化（据 Sorrel et al.，2007）；（c）塔中灌丛沙丘沉积物粗颗粒组分（>100μm）
百分含量记录的研究区风环境演化。平滑线为 10 年滑动平均

4.5　塔克拉玛干沙漠腹地近 500 年来的水分条件变化

除风沙环境演变外，目前虽对塔克拉玛干沙漠周边近几世纪的气候环境变化研究取得了一定进展（Liu et al.，2011；Chen et al.，2010b；Zhang et al.，2003；Yao et al.，1997），但因缺乏高分辨率载体，沙漠腹地气候环境变化，如水分条件变化及与其相关的生态环境变化重建受到一定限制。根据柽柳灌丛沙丘剖面沉积物中植物残体 $\delta^{13}C$ 的变化，本节重建塔克拉玛干沙漠腹地近 500 年来的水分条件和生态环境变化历史。

4.5.1　灌丛沙丘剖面有机碳同位素 $\delta^{13}C$ 环境指示意义

研究表明，现生植物或沉积物中的 $\delta^{13}C$ 可以指示区域水分条件（Diefendorf et al.，2010；Ferrio et al.，2003；苏波等，2000；Stuiver and Braziunas，1987）、降水量（Ma et al.，2008；刘光琇等，2004；王国安，2003）或地下水位（Wang et al.，2010）变化。在塔克拉玛干沙漠腹地，植被种群形成主要受控于水分条件，而水分条件与区域地下水位（Bruelheide et al.，2010；Thomas et al.，2006；Cuim et al.，2005）、降水量（张立运和夏阳，1997；胡玉昆和潘伯荣，1996）和蒸发量（Cao et al.，2003；Kemp et al.，1997）等密切相关。灌丛沙丘表面柽柳生长良好与否，与其下伏土壤中是否含有充足水分密切相关（Forman et al.，2009；Xia et al.，2005；Forman and Pierson，2003；Qong et al.，2002）。因此，取样灌丛沙丘剖面沉积物中柽柳落叶残体的 $\delta^{13}C$ 含量变化是重建沙漠腹地水分条件变化的良好指标（Xia et al.，2005，2004；Lipp et al.，1996；Yakir et al.，1994）。

取样灌丛沙丘形态以及 $\delta^{13}C$ 分析方法和过程等已有描述。分析表明，灌丛沙丘剖面沉积物中植物残体连续存在的阶段，即自剖面顶部至深度 270cm（1555～2010AD），植物残体 $\delta^{13}C$ 在-26.10‰～-21.67‰，平均值为-24.50‰。自 1555AD以来，植物残体 $\delta^{13}C$ 值的变化大致经历了三个时期（表 4.4 和图 4.11）：①1555～1785AD 时期（1S），$\delta^{13}C$ 值波动频繁，其值整体偏负，平均值为-24.71‰，存在5 个偏正的亚阶段，即 1555～1570AD（1S1）、1585～1620AD（1S2）、1640～1660AD（1S3）、1675～1700AD（1S4）和 1730～1755AD（1S5）时期，其 $\delta^{13}C$ 平均值分别为-23.56‰、-24.35‰、-24.51‰、-24.49‰和-24.38‰。②1785～1850AD（2S），这一时期 $\delta^{13}C$ 值变幅较大，平均值为-23.91‰，其中 1815～1845AD 时期（2S1），$\delta^{13}C$ 平均值为整个沙丘剖面记录中的最高值（-23.52‰）。③1850～2010AD 时期（3S），$\delta^{13}C$ 值波动相对较小，该时期 $\delta^{13}C$ 平均值略低于整体平均值，为-24.58‰，其中 1850～1885 AD 时期 $\delta^{13}C$ 接近整体平均值；在 1885～1935 AD 时期（3S1），$\delta^{13}C$ 值明显偏正，平均值为-24.32‰。

表 4.4　1550AD 以来塔克拉玛干沙漠腹地灌丛沙丘剖面中植物残体 $\delta^{13}C$ 值分析

阶段	亚阶段	深度/cm	年代/AD	最小值/‰	最大值/‰	平均值/‰	标准差/‰
1	1S1	266~270	1555~1570	-24.20	-22.39	-23.56	1.01
	1S2	250~260	1585~1620	-24.97	-23.80	-24.35	0.40
	1S3	238~244	1640~1660	-25.13	-24.02	-24.51	0.48
	1S4	218~232	1675~1700	-25.36	-23.74	-24.49	0.57
	1S5	188~200	1730~1755	-24.59	-23.98	-24.38	0.22
2	2S1	134~158	1815~1845	-24.48	-21.67	-23.52	0.80
3	3S1	60~98	1885~1935	-25.31	-23.30	-24.32	0.48
	3S2	20~38	1965~1985	-24.54	-23.83	-24.44	0.36

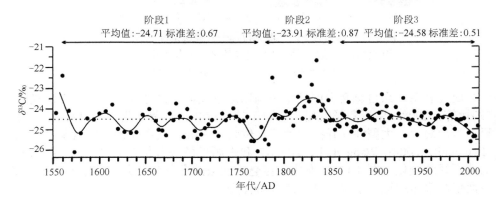

图 4.11　1550AD 以来塔克拉玛干沙漠腹地灌丛沙丘剖面植物残体 $\delta^{13}C$ 的变化情况

平滑曲线为 10 年滑动平均

4.5.2　灌丛沙丘沉积物揭示的塔克拉玛干沙漠腹地水分条件

偏负的植物 $\delta^{13}C$ 值可能反映较好的水分条件（苏波等，2000；Saurer et al.，1997；Stuiver and Braziunas，1987）。近 500 年来，在塔克拉玛干沙漠腹地，灌丛沙丘沉积物中植物残体 $\delta^{13}C$ 值揭示了区域水分条件变化主要经历了三个阶段（图 4.12）：①1555~1785AD 阶段（1S），整体上区域水分条件较好但变化频繁，其中存在 1555~1570AD（1S1）、1585~1620AD（1S2）、1640~1660AD（1S3）、1675~1700AD（1S4）和 1730~1755AD（1S5）5 个区域水分条件稍差的亚阶段。②1785~1850AD 阶段，区域水分条件为近 500 年来最差的阶段。尤其是 1815~1845AD 阶段，$\delta^{13}C$ 平均值达-23.52‰，是 1555AD 以来的最高值，甚至 2S1 阶段内 $\delta^{13}C$ 的最低值（-24.48‰）也高于 500 年来植物残体 $\delta^{13}C$ 的平均值（-24.50‰），区域水分条件最差。③1850~2010AD 阶段，区域水分条件整体得到改善，但也存在两个水分条件较差阶段：1885~1935AD（3S1）和 1965~1985AD（3S2）阶段。

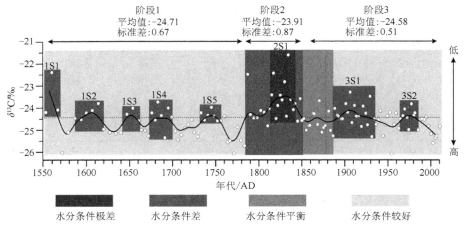

图 4.12　1550 AD 以来塔克拉玛干沙漠腹地灌丛沙丘剖面
沉积物植物残体 $\delta^{13}C$ 及其记录的区域水分条件变化情况

平滑曲线为 10 年滑动平均，1S1 等代表各亚阶段

　　研究表明，来自昆仑山区的水资源以地下径流方式进入塔克拉玛干沙漠腹地
（刘斌等，2008；中国科学院塔克拉玛干沙漠综合科学考察队，1993）。在塔克拉
玛干沙漠腹地，大型沙丘丘间地地下水位为 2～4m，其主要影响因素是下伏地形
（Fan et al.，2008；Wang et al.，2002b）和来源于昆仑山北坡主要由冰雪融水形成
的地下径流变化（图 4.13）。发生在昆仑山北坡的升温效应会导致冰雪融水增多，
进而使沙漠腹地地下水位升高，水分条件变好。

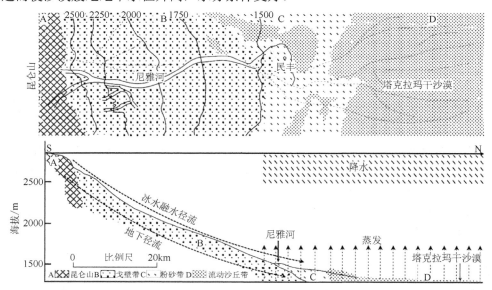

图 4.13　昆仑山与塔克拉玛干沙漠腹地平面图和纵断面图以及沙漠地区的水分供应模式

纵坐标为海拔（m a.s.l.）；据 Wang et al.，2006b；赵松乔，1985

　　塔克拉玛干沙漠腹地水分条件也受区域降水量、蒸发量和温度影响。自1810AD 以来，柽柳灌丛沙丘剖面分辨率高达 2.54 年，为此，将植物残体 $\delta^{13}C$ 值与民丰、安德河器测温度、降水量和在民丰器测的蒸发量进行对比（图 4.14）。虽然 AMS ^{14}C 测年存在误差以及剖面分辨率限制，使得无法进行逐年对比，但器测温度、降水量与 $\delta^{13}C$ 值变化趋势基本相反，即两者与区域水分条件变化趋势一致。但塔克拉玛干沙漠腹地年均降水量仅为 27.8mm，而年均蒸发量高达近 3000mm。这些结果表明，降水虽然可以改善区域水分条件，但不是控制其变化的主要因素。此外，对比分析器测蒸发量与植物残体 $\delta^{13}C$ 值表明，蒸发量大的时期是区域水分条件较好时期，这主要是因为在某种程度上，沙漠腹地蒸发量变化与温度变化密切相关（Kalma et al.，2008）。初步分析结果表明，因塔克拉玛干沙漠周边山体温度变化与冰雪融水所形成的径流量密切相关，而后者是沙漠腹地水分的主要供应者，因此塔克拉玛干沙漠腹地水分条件变化与周边山体温度变化可能存在遥相关关系。本研究不足之处在于，对沙漠腹地地下水位监测仅始于 21 世纪初，缺乏实际观测得到的器测数据进行验证。但已有研究表明（Kalma et al.，2008），20 世纪 90 年代以来，温度升高导致了塔克拉玛干沙漠南缘水资源增加，这与植物残体 $\delta^{13}C$ 值揭示的区域水分条件变化一致。

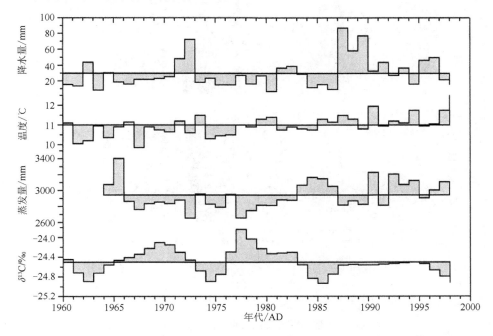

图 4.14　民丰、安德河器测温度、降水量以及民丰器测蒸发量与植物残体 $\delta^{13}C$ 值对比

采用线性内插法获得 $\delta^{13}C$ 年分辨率数据

4.5.3　塔克拉玛干沙漠腹地与周边水分条件变化的差异性

将植物残体 $\delta^{13}C$ 重建的塔克拉玛干沙漠腹地水分条件变化与古里雅冰芯 $\delta^{18}O$ 重建的温度变化对比表明,自 1550AD 以来,古里雅冰芯记录的温暖/寒冷时期与沙漠腹地水分条件较好/较差的时期基本同步,但大约超前或滞后 5 年左右(最大 15 年,图 4.15)。然而,古里雅冰芯 $\delta^{18}O$ 值揭示 1650~1700AD 是明显低温时期,但 $\delta^{13}C$ 值分析结果表明,这一时期并不是沙漠腹地水分条件显著变差时期。除这一时期之外,过去 500 年以来,古里雅冰芯记录的温度变化与沙漠腹地灌丛沙丘植物残体记录的水分条件变化基本同步。例如,沙漠腹地 1785AD 之前水分条件较好时期与昆仑山北坡 1580~1650AD 和 1700~1800AD 温度较高时期相一致;沙漠腹地 1785~1935AD 时期水分条件较差与昆仑山北坡 1800~1940AD 时期温度较低相一致,其中,这一时期沙漠腹地水分条件最差时段(1815~1845AD)正处于昆仑山北坡的最寒冷期;自 20 世纪 30 年代以来,沙漠腹地水分条件较好时期也与昆仑山北坡温度较高时期相对应。这些结果进一步验证了沙漠周边山区温度变化与沙漠腹地水分条件变化密切相关。

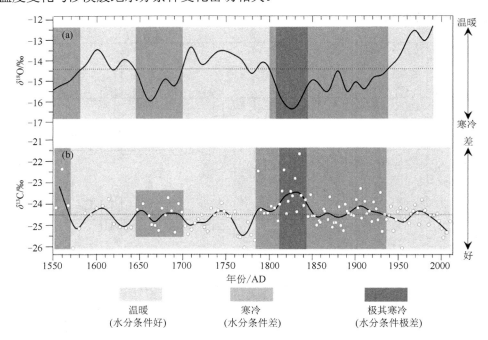

图 4.15　重建的温度变化与重建的水分条件变化对比

(a)古里雅冰芯 $\delta^{18}O$ 重建的温度变化(Yang et al.,2004;Yao et al.,1997);(b)灌丛沙丘剖面植物残体 $\delta^{13}C$ 重建的塔克拉玛干沙漠腹地水分条件变化。平滑曲线为 10 年滑动平均

　　分析结果也表明，塔克拉玛干沙漠腹地水分条件变化与沙漠周边气候干湿变化的联系不是十分密切。一些研究表明，近 500 年来，塔克拉玛干沙漠周边地区以湿润气候为主（图 4.16）。例如，通过天山中部树木年轮记录和帕默尔干旱指数（palmer drought severity index，PDSI），Chen 等（2010b）认为，塔克拉玛干沙漠北部天山地区 1675～1699AD 期间气候干湿平衡（1690AD 左右异常干旱），18 世纪和 20 世纪气候湿润，而 19 世纪气候干旱[图 4.16（a）]。利用天山中部和西部树木年轮宽度，袁玉江等（2001，2000）重建了这一区域 17 世纪末期以来降水量变化历史。天山西部 314 年来，降水大致经历了四个偏干和四个偏湿阶段，其中，1756～1777AD、1818～1860AD、1893～1928AD 和 1944～1985AD 时段偏干；1695～1755AD、1778～1817AD、1861～1892AD 和 1929～1943AD 时段偏湿；天山中部近 350 年来，有三个偏干和三个偏湿阶段，其中，1693～1715AD、1795～1824AD 和 1867～1969AD 时段偏干，1671～1692AD、1716～1794AD 和 1825～1866AD 时段偏湿[图 4.16（b）和（c）]。根据博斯腾湖湖泊沉积记录，Chen 等（2010b，2006）认为，由于西风气流加强、西风带南移及北大西洋涛动负相位影响，塔里木盆地小冰期（little ice age，LIA）时期降水量高，近几十年湿度在增大[图 4.16（d）]。利用塔里木河末端地区风沙沉积物中的柽柳植物残体，Liu 等（2011）指出，在西风带位置和强度变化及地形效应等影响下，塔克拉玛干沙漠东部 LIA 时期气候湿润[图 4.16（e）]。根据克里雅河阶地的变迁，Yang 等（2002）认为，塔里木盆地南缘在 LIA 时期降水增加，气候湿润。利用罗布泊西岸湖泊沉积物粒度、元素、微体古生物及植物化石等指标，王富葆等（2008）和 Ma 等（2008）认为 1600 AD 时期塔克拉玛干沙漠东北缘气候干旱。

　　综上所述，塔克拉玛干沙漠腹地发育的灌丛沙丘记录了区域近 500 年来水分条件变化历史。在该地区，因植被生长主要受地下水位影响（Bruelheide et al.，2010；Thomas et al.，2006），与较为丰沛的地下水资源相比，沙漠腹地极低的降水量（年均降水量<30mm）对区域水分条件变化影响较小。而其地下水位变化与昆仑山北坡冰雪融水所产生的径流量密切相关，而后者则受温度变化控制。因此，在全球变暖背景下，昆仑山区温度升高将有利于塔克拉玛干沙漠南缘和腹地地区生态环境好转。

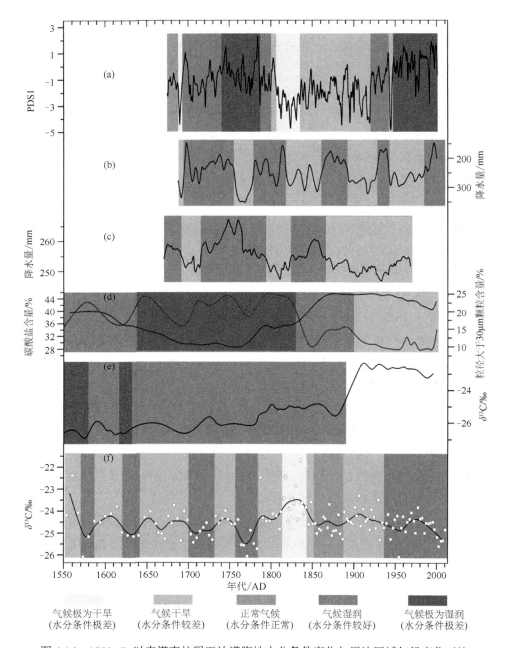

图 4.16　1550AD 以来塔克拉玛干沙漠腹地水分条件变化与周边区域气候变化对比

（a）、（b）和（c）为研究区北部天山的树轮记录（Chen et al.，2010b；袁玉江等，2001，2000）；（d）博斯腾湖泊沉积碳酸盐含量和粒径大于 30μm 颗粒组分百分含量变化情况（Chen et al.，2010a；Chen et al.，2006）；（e）风成沉积剖面植物残体 δ^{13}C 记录（Liu et al.，2011）；（f）本书 δ^{13}C 记录

参 考 文 献

董光荣, 李保生, 温向乐. 1993. 中国风沙地貌特征与演化//杨景春. 中国地貌特征与演化. 北京: 海洋出版社.

靳鹤龄, 董光荣, 金炯, 等. 1994. 塔克拉玛干沙漠腹地晚冰期以来的环境与气候变化. 中国沙漠, 14(3): 31-37.

李保生, 董光荣, 丁同虎, 等. 1990. 塔克拉玛干沙漠东部风砂地貌中的几个问题. 科学通报, 35(23): 1815-1818.

李保生, 董光荣, 祝一志, 等. 1993. 末次冰期以来塔里木盆地沙漠、黄土的沉积环境与演化. 中国科学(B 辑化学生命科学地学), (6): 644-651.

刘斌, 门国发, 王占和, 等. 2008. 塔里木盆地地下水勘查. 北京: 地质出版社.

刘光琇, 陈拓, 安黎哲, 等. 2004. 青藏高原北部植物叶片碳同位素组成特征的环境意义. 地球科学进展, 19(5): 749-753.

刘铁庚, 叶霖, 王兴理, 等. 2007. 化学作用是干旱地区岩石风化的主要因素——蒸发和淋漓模拟实验. 中国地质, 322(5): 815-821.

苏波, 韩兴国, 李凌浩, 等. 2000. 中国东北样带草原区植物 δ^{13}C 值及水分利用效率对环境梯度的响应. 植物生态学报, 24(6): 648-655.

王富强, 马春梅, 夏训诚, 等. 2008. 罗布泊地区自然环境演变及其对全球变化的响应. 第四纪研究, 28(1): 150-153.

王国安, 韩家懋. 2001. 中国西北 C₃ 植物的碳同位素组成与年降雨量关系初探. 地质科学, 36(4): 494-499.

王国安. 2003. 稳定碳同位素在第四纪古环境研究中的应用. 第四纪研究, 23(5): 471-484.

王跃, 董光荣, 金炯, 等. 1992. 新构造运动在塔里木盆地演化中作用. 地质论评, (5): 426-430.

武胜利, 李志忠, 海鹰, 等. 2006. 新疆和田河流域单株柽柳灌丛流场的实验研究. 干旱区研究, 23(4): 539-543.

袁玉江, 李江风, 胡汝骥, 等. 2001. 用树木年轮重建天山中部近 350a 来的降水量. 冰川冻土, 23(1): 34-40.

袁玉江, 叶玮, 董光荣. 2000. 天山西部伊犁地区 314a 降水的重建与分析. 冰川冻土, 22(2): 121-127.

张立运, 夏阳. 1997. 塔克拉玛干沙漠南缘绿洲外围的天然植被. 干旱区研究, 14(3): 16-22.

赵松乔. 1985. 中国干旱地区自然地理. 北京: 科学出版社.

中国科学院塔克拉玛干沙漠综合科学考察队. 1993. 塔克拉玛干沙漠地区水资源评价与利用. 北京: 科学出版社.

钟巍, 熊黑钢. 1999. 塔里木盆地南缘 4kaB.P.以来气候环境演化与古城镇废弃事件关系研究. 中国沙漠, 19(4): 47-51.

朱震达. 1981. 塔克拉玛干沙漠风沙地貌研究. 北京: 科学出版社.

AN C, FENG Z, TANG L. 2004. Environmental change and cultural response between 8000 and 4000 cal. yr BP in the western Loess Plateau, northwest China. Journal of Quaternary Science, 19(6): 529-535.

ANTOINE P, ROUSSEAU D, LAUTRIDOU J, et al. 1999. Last interglacial-glacial climatic cycle in loess-paleosol successions of north-western France. Boreas, 28(4): 551-563.

ARDON K, TSOAR H, BLUMBERG D G. 2009. Dynamics of nebkhas superimposed on a parabolic dune and their effect on the dune dynamics. Journal of Arid Environments, 73(11): 1014-1022.

BRUELHEIDE H, VONLANTHEN B, JANDT U, et al. 2010. Life on the edge-to which degree does phreatic water sustain vegetation in the periphery of the Taklamakan Desert? Applied Vegetation Science, 13(1): 56-71.

CAMPBELL C. 1998. Late Holocene lake sedimentology and climate change in southern Alberta, Canada. Quaternary Research, 49(1): 96-101.

CAO W B, WAN L, ZHOU X, et al. 2003. A preliminary study of the formation mechanism of condensation water and its effects on the ecological environment in Northwest China. Hydrogeology and Engineering Geology, 30(2): 7-10.

CHEN F H, BLOEMENDAL J, ZHANG P Z, et al. 1999. An 800 ky proxy record of climate from lake sediments of the Zoige Basin, eastern Tibetan Plateau. Palaeogeography, Palaeoclimatology, Palaeoecology, 151(4): 307-320.

CHEN F, CHEN J, HOLMES J, et al. 2010a. Moisture changes over the last millennium in arid central Asia: a review, synthesis and comparison with monsoon region. Quaternary Science Reviews, 29(7): 1055-1068.

CHEN F, CHEN J, HOLMES J, et al. 2010b. Tree-ring based drought reconstruction for the central Tien Shan area in northwest China. Geophysical Research Letters, 33(7): 408-412.

CHEN F, HUANG X, ZHANG J, et al. 2006. Humid little ice age in arid central Asia documented by Bosten Lake, Xinjiang, China. Science in China Series D: Earth Sciences, 49(12): 1280-1290.

CHEN J, LI G. 2011. Geochemical studies on the source region of Asian dust. Science China Earth Sciences, 54(9): 1279-1301.

CLEMENS S C, PRELL W L. 1990. Late Pleistocene variability of Arabian Sea summer monsoon winds and continental aridity: Eolian records from the lithogenic component of deep-sea sediments. Paleoceanography, 5(2): 109-145.

CUI Y, SHAO J. 2005. The role of ground water in arid/semiarid ecosystems, Northwest China. Ground Water, 43(4): 471-477.

DEVER L, FONTES J C, RICHÉ G. 1987. Isotopic approach to calcite dissolution and precipitation in soils under semi-arid conditions. Chemical Geology: Isotope Geoscience Section, 66(3): 307-314.

DIEFENDORF A F, MUELLER K E, WING S L, et al. 2010. Global patterns in leaf ^{13}C discrimination and implications for studies of past and future climate. Proceedings of the National Academy of Sciences, 107(13): 5738-5743.

DING Z L, DERBYSHIRE E, YANG S L, et al. 2002. Stacked 2.6-Ma grain size record from the Chinese loess based on five sections and correlation with the deep-sea δ^{18}O record. Paleoceanography, 17(3): 1033.

DING Z L, YANG S L, SUN J M, et al. 2001. Iron geochemistry of loess and red clay deposits in the Chinese Loess Plateau and implications for long-term Asian monsoon evolution in the last 7.0 Ma. Earth and Planetary Science Letters, 185(1): 99-109.

DONG Z, QIAN G, LUO W, et al. 2006. Analysis of the mass flux profiles of an aeolian saltating cloud. Journal of Geophysical Research, 111(D16): 3563-3570.

EGHBAL M K, SOUTHARD R J. 1993. Stratigraphy and genesis of Durorthids and Haplargids on dissected alluvial fans, western Mojave Desert, California. Geoderma, 59(1): 151-174.

FAN J, XU X, LEI J, et al. 2008. The temporal and spatial fluctuation of the groundwater level along the Tarim Desert Highway. Chinese Science Bulletin, 53: 53-62.

FANG X, LV L, YANG S, et al. 2002. Loess in Kunlun Mountains and its implications on desert development and Tibetan Plateau uplift in west China. Science in China Series D: Earth Sciences, 45(4): 289-299.

FANG X, ONO Y, FUKUSAWA H, et al. 1999. Asian summer monsoon instability during the past 60,000 years: magnetic susceptibility and pedogenic evidence from the western Chinese Loess Plateau. Earth and Planetary Science Letters, 168(3): 219-232.

FERRIO J P, FLORIT A, VEGA A, et al. 2003. Δ^{13}C and tree-ring width reflect different drought responses in Quercus ilex and *Pinus halepensis*. Oecologia, 137(4): 512-518.

FORMAN S L, NORDT L, GOMEZ J, et al. 2009. Late Holocene dune migration on the south Texas sand sheet. Geomorphology, 108(3): 159-170.

FORMAN S L, PIERSON J. 2003. Formation of linear and parabolic dunes on the eastern Snake River Plain, Idaho in the nineteenth century. Geomorphology, 56(1): 189-200.

GALLET S, JAHN B, TORII M. 1996. Geochemical characterization of the Luochuan loess-paleosol sequence, China, and paleoclimatic implications. Chemical Geology, 133(1): 67-88.

GREELEY R, IVERSEN J D. 1985. Wind as a Geological Process: On Earth, Mars, Venus and Titan. Cambridgeshire: Cambridge University Press.

HARRISON R M, YIN J, MARK D, et al. 2001. Studies of the coarse particle (2.5~10 μm) component in UK urban atmospheres. Atmospheric Environment, 35(21): 3667-3679.

HESP P A, MARTINEZ M L. 2008. Transverse dune trailing ridges and vegetation succession. Geomorphology, 99(1): 205-213.

IVERSEN J D, RASMUSSEN K R. 1994. The effect of surface slope on saltation threshold. Sedimentology, 41(4): 721-728.

JONES A M, HARRISON R M, BAKER J. 2010. The wind speed dependence of the concentrations of airborne particulate matter and NO_x. Atmospheric Environment, 44(13): 1682-1690.

KALMA J D, MCVICAR T R, MCCABE M F. 2008. Estimating land surface evaporation: a review of methods using remotely sensed surface temperature data. Surveys in Geophysics, 29(4): 421-469.

KEMP P R, REYNOLDS J F, PACHEPSKY Y, et al. 1997. A comparative modeling study of soil water dynamics in a desert ecosystem. Water Resources Research, 33(1): 73-90.

KING J, BANERJEE S K, MARVIN J, et al. 1982. A comparison of different magnetic methods for determining the relative grain size of magnetite in natural materials: some results from lake sediments. Earth and Planetary Science Letters, 59(2): 404-419.

LANCASTER N. 1995. The Geomorphology of Desert Dunes. Oxon: Routledge.

LI G, CHEN J, CHEN Y, et al. 2007. Dolomite as a tracer for the source regions of Asian dust. Journal of Geophysical Research, 112(D17): 107-114.

LI J, GOU X, COOK E R, et al. 2006. Tree-ring based drought reconstruction for the central Tien Shan area in northwest China. Geophysical Research Letters, 33(7): L07715.

LIPP J, TRIMBORN P, EDWARDS T, et al. 1996. Climatic effects on the $\delta^{18}O$ and $\delta^{13}C$ of cellulose in the desert tree Tamarix jordanis. Geochimica et cosmochimica acta, 60(17): 3305-3309.

LIU W, LIU Z, AN Z, et al. 2011. Wet climate during the 'Little Ice Age' in the arid Tarim Basin, northwestern China. The Holocene, 21(3): 409-416.

LIVINGSTONE I, BULLARD J E, WIGGS G F S, et al. 1999. Grain-size variation on dunes in the Southwest Kalahari, Southern Africa. Journal of Sedimentary Research, 69(3): 546-552.

LIVINGSTONE I, WARREN A. 1996. Aeolian Geomorphology: An Introduction. New York: Addison Wesley Longman Ltd.

MA J, CHEN T, QIANG W, et al. 2005. Correlations between foliar stable carbon isotope composition and environmental factors in Desert Plant Reaumuria soongorica (Pall.) Maxim. Journal of Integrative Plant Biology, 47(9): 1065-1073.

MA C, WANG F, CAO Q, et al. 2008. Climate and environment reconstruction during the Medieval Warm Period in Lop Nur of Xinjiang, China. Chinese Science Bulletin, 53(19): 3016-3027.

MEEKER L D, MAYEWSKI P A. 2002. A 1400~year high-resolution record of atmospheric circulation over the North

Atlantic and Asia. The Holocene, 12(3): 257-266.

PRINS M A, POSTMA G, WELTJE G J. 2000. Controls on terrigenous sediment supply to the Arabian Sea during the late Quaternary: the Makran continental slope. Marine Geology, 169(3): 351-371.

PRINS M A, WELTJE G J. 1999. End-member modeling of siliciclastic grain-size distributions: the late Quaternary record of eolian and fluvial sediment supply to the Arabian Sea and its paleoclimatic significance. Society for Sedimentary Geology, 17(2): 223-238.

PYE K, TSOAR H. 1990. Aeolian Sand and Sand Dunes. Boston: Unwin Hyman.

PYE K, ZHOU L. 1989. Late Pleistocene and Holocene aeolian dust deposition in north China and the northwest Pacific Ocean. Palaeogeography, Palaeoclimatology, Palaeoecology, 73(1): 11-23.

QONG M, TAKAMURA H, HUDABERDI M. 2002. Formation and internal structure of Tamarix cones in the Taklimakan Desert. Journal of Arid Environments, 50(1): 81-97.

REA D K, LEINEN M. 1988. Asian aridity and the zonal westerlies: Late Pleistocene and Holocene record of eolian deposition in the northwest Pacific Ocean. Palaeogeography, Palaeoclimatology, Palaeoecology, 66(1): 1-8.

SAURER M, AELLEN K, SIEGWOLF R. 1997. Correlating $\delta^{13}C$ and $\delta^{18}O$ in cellulose of trees. Plant, Cell & Environment, 20(12): 1543-1550.

SCHLESINGER W H. 1985. The formation of caliche in soils of the Mojave Desert, California. Geochimica Et Cosmochimica Acta, 49(1): 57-66.

SIMPSON R W. 1990. A model to control emissions which avoid violations of PM10 health standards for both short and long term exposures. Atmospheric Environment Part A General Topics, 24(4): 917-924.

SHEN J, LIU X, WANG S, et al. 2005. Palaeoclimatic changes in the Qinghai Lake area during the last 18,000 years. Quaternary International, 136(1): 131-140.

SORREL P, OBERHÄNSLI H, BOROFFKA N, et al. 2007. Control of wind strength and frequency in the Aral Sea basin during the late Holocene. Quaternary Research, 67(3): 371-382.

STUIVER M, BRAZIUNAS T F. 1987. Tree cellulose $^{13}C/^{12}C$ isotope ratios and climatic change. Nature, 328(6125): 58-60.

THOMAS F M, FOETZKI A, ARNDT S K, et al. 2006. Water use by perennial plants in the transition zone between river oasis and desert in NW China. Basic and Applied Ecology, 7(3): 253-267.

TSOAR H. 2005. Sand dunes mobility and stability in relation to climate. Physica A: Statistical Mechanics and its Applications, 357(1): 50-56.

UNO I, HARADA K, SATAKE S, et al. 2005. Meteorological characteristics and dust distribution of the Tarim Basin simulated by the nesting RAMS/CFORS dust model. Journal of the Meteorological Society of Japan, 83: 219-239.

WANG X, CHEN F, DONG Z. 2006a. The relative role of climatic and human factors in desertification in semiarid China. Global Environmental Change, 16(1): 48-57.

WANG X, DONG Z, YAN P, et al. 2005a. Wind energy environments and dunefield activity in the Chinese deserts. Geomorphology, 65(1): 33-48.

WANG X, DONG Z, ZHANG J, et al. 2002a. Geomorphology of sand dunes in the Northeast Taklimakan Desert. Geomorphology, 42(3): 183-195.

WANG X, DONG Z, ZHANG J, et al. 2002b. Relations between morphology, air flow, sand flux and particle size on transverse dunes, Taklimakan Sand Sea, China. Earth Surface Processes and Landforms, 27(5): 515-526.

WANG X, DONG Z, ZHANG J, et al. 2003. Grain size characteristics of dune sands in the central Taklimakan Sand Sea. Sedimentary Geology, 161(1): 1-14.

WANG X, EERDUN H, ZHOU Z, et al. 2007. Significance of variations in the wind energy environment over the past 50 years with respect to dune activity and desertification in arid and semiarid northern China. Geomorphology, 86(3): 252-266.

WANG X, XIAO H, LI J, et al. 2008. Nebkha development and its relationship to environmental change in the Alaxa Plateau, China. Environmental Geology, 56(2): 359-365.

WANG X, ZHANG C, ZHANG J, et al. 2010. Nebkha formation: Implications for reconstructing environmental changes over the past several centuries in the Ala Shan Plateau, China. Palaeogeography, Palaeoclimatology, Palaeoecology, 297(3): 697-706.

WANG X, ZHOU Z, DONG Z. 2006b. Control of dust emissions by geomorphic conditions, wind environments and land use in northern China: An examination based on dust storm frequency from 1960 to 2003. Geomorphology, 81(3): 292-308.

WANG Y Q, ZHANG X Y, ARIMOTO R, et al. 2005b. Characteristics of carbonate content and carbon and oxygen isotopic composition of northern China soil and dust aerosol and its application to tracing dust sources. Atmospheric Environment, 39(14): 2631-2642.

WIGGS G F S, LIVINGSTONE I, THOMAS D S G, et al. 1994. Effect of vegetation removal on airflow patterns and dune dynamics in the southwest Kalahari Desert. Land Degradation & Development, 5(1): 13-24.

WIGGS G F S, THOMAS D S G, BULLARD J E, et al. 1995. Dune mobility and vegetation cover in the southwest Kalahari Desert. Earth Surface Processes and Landforms, 20(6): 515-529.

WOLFE S A, NICKLING W G. 1993. The protective role of sparse vegetation in wind erosion. Progress in Physical Geography, 17(1): 50-68.

XIA X, ZHAO Y, WANG F, et al. 2004. Stratification features of Tamarix cone and its possible age significance. Chinese Science Bulletin, 49(14): 1539-1540.

XIA X, ZHAO Y, WANG F. 2005. Nebkha formation and its environmental significances in the Lop Nor, China. Chinese Science Bulletin, 50(19): 2176-2177.

XIAO J, PORTER S C, AN Z, et al. 1995. Grain size of quartz as an indicator of winter monsoon strength on the Loess Plateau of central China during the last 130,000 yr. Quaternary Research, 43(1): 22-29.

YANG B, BRAEUNING A, SHI Y, et al. 2004. Evidence for a late Holocene warm and humid climate period and environmental characteristics in the arid zones of northwest China during 2.2~1.8 kyr BP. Journal of Geophysical Research, 109: D02105.

YANG X, ZHU Z, JAEKEL D, et al. 2002. Late Quaternary palaeoenvironment change and landscape evolution along the Keriya River, Xinjiang, China: the relationship between high mountain glaciation and landscape evolution in foreland desert regions. Quaternary International, 97: 155-166.

YAKIR D, ISSAR A, GAT J, et al. 1994. ^{13}C and ^{18}O of wood from the Roman siege rampart in Masada, Israel (AD 70~73): Evidence for a less arid climate for the region. Geochimica Et Cosmochimica Acta, 58(16): 3535-3539.

YAO T, SHI Y, THOMPSON L G. 1997. High resolution record of paleoclimate since the Little Ice Age from the Tibetan ice cores. Quaternary International, 37: 19-23.

YAO T, WANG Y, LIU S, et al. 2004. Recent glacial retreat in High Asia in China and its impact on water resource in

Northwest China. Science in China Series D: Earth Sciences, 47(12): 1065-1075.

ZHANG H, WU J, ZHENG Q, et al. 2003. A preliminary study of oasis evolution in the Tarim Basin, Xinjiang, China. Journal of Arid Environments, 55(3): 545-553.

ZHU L, WU Y, WANG J, et al. 2008. Environmental changes since 8.4 ka reflected in the lacustrine core sediments from Nam Co, central Tibetan Plateau, China. The Holocene, 18(5): 831-839.

ZU R, XUE X, QIANG M, et al. 2008. Characteristics of near-surface wind regimes in the Taklimakan Desert, China. Geomorphology, 96(1): 39-47.

第5章 阿拉善高原灌丛沙丘形成发育及区域环境变化重建

本章通过对阿拉善高原额济纳地区柽柳灌丛沙丘沉积物的粒度、植物残体的稳定碳同位素（$\delta^{13}C$）以及现生柽柳叶片 $\delta^{13}C$ 等的分析，在 AMS ^{14}C 测年结果基础上建立年代序列，揭示了阿拉善高原地区灌丛沙丘形成发育过程及其对区域环境变化的响应，重建了阿拉善高原几个世纪以来的气候环境变化过程。

5.1 额济纳灌丛沙丘剖面描述

在阿拉善高原额济纳地区选取的柽柳灌丛沙丘（41°45.812′ N，101°06.563′ E）发育于干湖床之上[彩图 8（a）]，沙丘高约 4.8m，整体近似圆形。形成灌丛沙丘的植被除柽柳外，未见其他种类，沙丘植被盖度良好，即使在生长季末期（11 月初）也高达 80%。自灌丛沙丘形成至今，其发育过程主要受区域风沙活动、沙源供应和水分条件等制约，基本上可以排除人类活动干扰。

由于区域在西北风系控制之下，沙丘东南方向植被覆盖度最高。在沙丘中心位置获得垂直剖面[彩图 8（b）]。自沙丘顶部向下有明显植物残体和风成沉积交错层理，且上部层理尤为清晰。由于野外作业困难，很难按层理进行取样。因此，以 5cm 为间隔进行样品采集，但由于剖面发生坍塌，未能采集底部 30cm 的样品，共获得 91 个样品。此外，在取样灌丛沙丘周围 1km 范围内，随机采集了 29 个当年生柽柳叶片作进一步分析。

5.2 额济纳灌丛沙丘年代序列建立

阿拉善高原额济纳地区发育了大量灌丛沙丘，主要以柽柳灌丛沙丘为主，沙丘高度为 3～10m，直径为 6～10m。灌丛沙丘沉积物主要来自于干河床、干湖床以及邻近的戈壁和流动沙漠。在选定的 1km×1km 取样区域，灌丛沙丘发育成熟，植被生长良好，未出现衰退现象。在这一区域，根据野外考察结果，即使在植物生长季末期（秋末冬初），灌丛沙丘植被盖度也高于 14%，灌丛沙丘表面主要表现为风成物质堆积（Wiggs et al.，1995）。野外作业记录显示，取样灌丛沙丘表面植被盖度在 80% 以上，沙丘表面无风蚀现象，沉积自始至终连续。

灌丛沙丘剖面柽柳残体 AMS ^{14}C 测年显示，在剖面深度（自沙丘顶部向下）

265cm、315cm 和 365cm 处，年代结果分别为（1554±23）AD、（1562±23）AD
和（1782±24）AD（表 5.1）。但剖面深度 365cm 处植物残体定年结果与其上部
存在倒置现象，这可能是因为：①沉积物的松散特性，加之取样时有微弱风沙活
动，上部植物残体可能混杂于下部沉积物中；②定年过程产生误差；③小型动物
活动对剖面干扰。野外观察显示，沿剖面自上而下，并未有鼠洞等痕迹，沉积剖
面并未有受扰动迹象。综合分析表明，这一年代结果的倒置可能是定年过程所产
生的误差，其并不对本书数据分析和讨论产生重大影响。此外，采样点西 4km 是
黑城遗址，根据历史文献记录（朱震达等，1983；罗桂环，2007），由于地表再无
水源，黑城于 1359 AD 被废弃，自此之后，人类活动对该地区影响较小。根据黑
城废弃时间以及历史时期自然环境变迁过程，该区域灌丛沙丘发育历史不会超过
700 年（自 1359AD 之后）。

表 5.1　阿拉善高原取样柽柳灌丛沙丘测年结果

样品号	深度/cm	材料	^{14}C 年代/a BP	日历年范围/cal AD	日历年/cal AD	校正程序
HL54	265	植物残体	340±23	1473～1635	1554	Calib6.1.0
HL64	315	植物残体	333±23	1483～1640	1562	Calib6.1.0
HL74	365	植物残体	212±24	1761～1803	1782	Calib6.1.0

5.3　阿拉善高原风沙环境变化过程重建

5.3.1　灌丛沙丘剖面粒度结果分析

灌丛沙丘剖面的粗颗粒（粒径大于 100μm）、细颗粒（粒径小于 10μm）组
分百分含量以及中值粒径的变化显著。根据其变化情况，灌丛沙丘的发育过程
大致可以划分为五个阶段（图 5.1 和表 5.2）：①剖面深度 450～400cm 阶段，沉
积物粗颗粒组分百分含量和中值粒径为整个剖面记录的最高值，其平均值分别
为 62.96% 和 133μm，标准差分别为 8.93% 和 29μm，两者随灌丛沙丘发育高度的
增长急剧降低，同时细颗粒组分百分含量由 3.39% 增至 8.10%。②剖面深度 395～
270cm 阶段，整体上，沉积物的上述 3 个粒度指标均为较高值，细颗粒组分百
分含量在 6.74%～8.71%（平均值 7.63%），为整个剖面记录的最高值；粗颗粒组
分百分含量和中值粒径分别在 49.84%～57.10% 和 100～112μm，平均值分别为
53.55% 和 106μm。③剖面深度 265～175cm 阶段，该阶段粗颗粒组分百分含量和
中值粒径明显降低，细颗粒组分的百分含量先升后降，3 个粒度指标的变化不大，
标准差分别为 1.13%、2μm 和 0.33%。④剖面深度 170～95cm 阶段，粗颗粒组
分百分含量在 50.11%～54.86%，平均值为 52.44%；细颗粒组分百分含量降低，

平均值为 6.67%，仅高于阶段 1。⑤剖面深度 90～0cm 阶段，该阶段为灌丛沙丘的最新堆积，粗颗粒组分百分含量和中值粒径为整个剖面记录的最低值，平均值仅为 47.09%和 96μm；而细颗粒组分的百分含量较上一阶段波动式升高，在6.34%～7.65%，平均值为 7.12%。

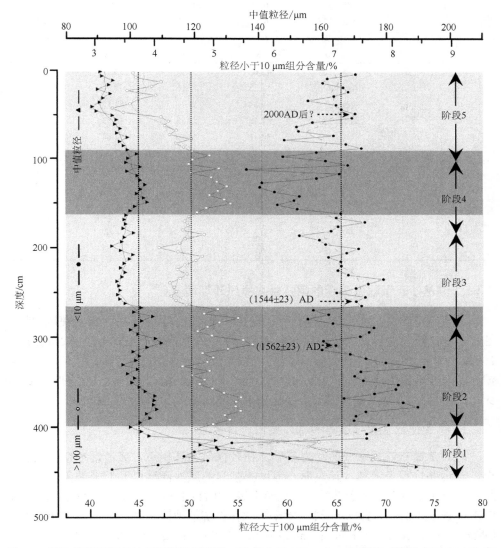

图 5.1　阿拉善高原灌丛沙丘沉积物粗颗粒（粒径大于 100μm）、细颗粒（粒径小于 10μm）组分百分含量以及中值粒径变化

平滑曲线为 10 点滑动平均

表 5.2　阿拉善高原灌丛沙丘不同阶段沉积物的粒度特征分析

指标	深度/cm	最小值	最大值	平均值	标准差
粒径小于 10μm 组分含量/%	450～0	3.39	8.71	7.08	0.92
	450～400	3.39	8.10	5.82	1.70
	395～270	6.74	8.71	7.63	0.52
	265～175	6.59	8.02	7.36	0.33
	170～95	5.69	7.71	6.67	0.61
	90～0	6.34	7.65	7.12	0.38
粒径大于>100μm 组分含量/%	450～0	42.66	77.02	52.37	5.75
	450～400	51.23	77.02	62.96	8.93
	395～270	49.84	57.10	53.55	1.84
	265～175	47.48	52.13	49.83	1.13
	170～95	50.11	54.86	52.44	1.55
	90～0	42.66	50.84	47.09	2.47
中值粒径/μm	450～0	90	192	105	15
	450～400	102	192	133	29
	395～270	100	112	106	3
	265～175	96	103	100	2
	170～95	100	108	104	2
	90～0	90	101	96	3

5.3.2　灌丛沙丘沉积物揭示的阿拉善高原风沙环境变化

地表水消失后，灌丛沙丘和其他植被类沙丘才得以形成，由于植被使风沙物质遇阻堆积，灌丛沙丘在风沙活动强度和地下水位变化控制下（Wolfe and Nickling，1996，1993；Buckley，1987），其发育过程和沉积结构有效地记录了区域风沙环境演变和风沙地貌形成（Hanson et al.，2009；Forman et al.，2009）、干旱事件（Seifert et al.，2009），以及其他气候环境变化信息（Nield et al.，2008a，2008b）。

1. 粒度特征及其对沙源和风力变化的指示意义

风力是灌丛沙丘形成的动力基础。在较低风力环境下，风沙活动使地表物质得以搬运并堆积于灌丛沙丘表面，但过于强烈的风沙活动以及低植被盖度会使灌丛沙丘发生活化，不利于其发育（赵元杰等，2011；Livingstone and Warren，1996；Fryberger and Dean，1979）。过去数十年来，额济纳地区风沙活动发生了明显变化（Wang et al.，2005a；Fryberger and Dean，1979）。例如，自 20 世纪 70 年代至 21 世纪初，区域输沙势由 600VU 降至 50VU。因此，自历史时期以来，区域可能经历了显著的风沙活动变化，并被灌丛沙丘发育过程所记录。此外，由于灌丛沙丘沉积物主要是近源风成物质，本书所选取的灌丛沙丘发育于干河/湖床上，主要物源是干河/湖床表层物质，因此灌丛沙丘的发育过程也记录了区域干河/湖床的演化历史。虽然灌丛沙丘沉积物可能含部分远源沉积，但研究表明，阿拉善高原本身就是全球的主要粉尘源区（Taramelli et al.，2012；Sun et al.，2006；Li et al.，2005；Wang et al.，2005b；Li and Liu，2003；Sun et al.，2001）。因此，在这一区域，灌丛沙丘沉积物中大部分的细颗粒组分来源于干河/湖床和戈壁地表，而非远源沉积。目前，除部分干河/湖床有少量的抗风蚀能力较强的残丘外，其地表形态与戈壁沙漠地表并无差异。结合前人研究结果（Anderson and Hallet，1986；McLaren，1981）以及本书的数据分析，在阿拉善高原地区，灌丛沙丘沉积物细颗粒组分（<10μm）的百分含量变化指示了沙源供应的变化，而中值粒径和粗颗粒组分（>100μm）的百分含量变化指示了区域风沙活动强度的变化。

2. 阿拉善高原风沙环境变化过程

在取样灌丛沙丘沉积物中，粗、细颗粒组分的百分含量以及中值粒径有明显的变化，在以上分析的基础上，灌丛沙丘发育过程中记录的风沙活动强度变化历史可划分为 5 个阶段（图 5.1）。

阶段 1：地表水消失后，灌丛沙丘开始在干河/湖床面上形成，在沙丘高度发育至 80cm 之前（剖面深度 400cm 以下），由于源区地表物质粗、细颗粒组分均较丰富，以及结皮等因素使地表抗风蚀能力强（Argaman et al.，2006；Houser and Nickling，2001；Rice and Mcewan，2001），该阶段灌丛沙丘沉积物的细颗粒组分含量较低。灌丛沙丘发育早期受沙源供应和风沙活动的共同影响，目前很难解析沉积物粒度组分的环境指示意义。

在灌丛沙丘高度发育至 80cm（剖面深度 400cm）后，沉积物粗颗粒组分百分含量和中值粒径明显减小，下伏干河/湖床已发育为戈壁景观，灌丛沙丘发育过程中的物源趋于稳定，其沉积物粒度变化指示了区域风沙活动强度的变化。

阶段 2：当灌丛沙丘高度发育至 85cm（剖面深度 395cm），阿拉善高原风沙活动较强烈，并持续到沙丘高度发育至 210cm（剖面深度 270cm）。

阶段 3：根据定年结果，在 1554AD 左右至灌丛沙丘高度发育至 305cm（剖面深度 175cm），沙丘沉积物粗颗粒组分百分含量和中值粒径为明显低值，揭示了区域处于弱风沙活动阶段。

阶段 4：灌丛沙丘高度发育至 310～385cm（剖面深度 170～95cm），沉积物细颗粒组分百分含量明显减少，粗颗粒组分百分含量增加，中值粒径增大，揭示区域发生了风沙活动明显增强的事件。

阶段 5：随灌丛沙丘高度继续增加，在 390～480cm（剖面深度 90～0cm）阶段，沉积物粗颗粒组分百分含量减少，中值粒径降低，区域处于弱风沙活动时期。

灌丛沙丘剖面深度 265cm 处（沙丘高度 215cm）的测年结果为 1554AD。据此可以推断，自这一时期以来，灌丛沙丘沉积速率约为 0.6cm/a。但在与本书取样灌丛沙丘相距仅 800m，形成于 1700AD 左右的灌丛沙丘的分析结果则表明，其平

均堆积速率约为 2cm/a（Wang et al.，2008）。因此，本书阶段 4 所记录的强风沙
活动时期[图 5.2（a）]，可能与后者在剖面深度 360～200cm（灌丛沙丘高度 250～
410cm）的粗颗粒组分（>200μm）百分含量的高值阶段相对应[图 5.2（b）]。此
外，本书阶段 5 记录了剖面细颗粒组分百分含量整体表现为上升趋势[图 5.2（a）]，
后者细颗粒组分（>16μm）的百分含量在剖面深度 200～0cm（灌丛沙丘高度 410～
610cm）阶段也呈现为轻微上升的趋势[图 5.2（b）]。因此，虽然目前的研究由于
年代数据不够完善，很难进行更高分辨率的分析，但通过解析灌丛沙丘沉积物粒
度等特征的变化，仍能勾画出阿拉善高原过去数百年以来的风沙环境演变过程。

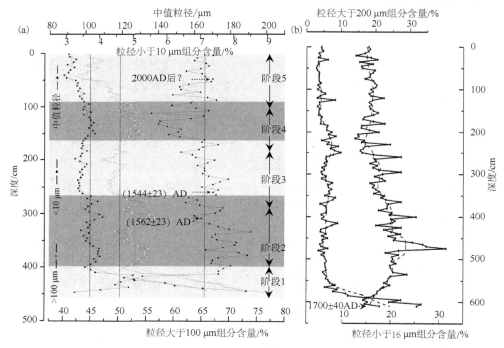

图 5.2　阿拉善高原不同灌丛沙丘剖面粒度特征对比

（a）本书所选取的灌丛沙丘剖面粗颗粒（>100μm）和细颗粒（<10μm）组分百分含量；（b）相邻地区灌丛沙丘剖
面粗颗粒（>200μm）和细颗粒（<16μm）组分百分含量

5.4　阿拉善高原水分条件演化史重建

5.4.1　灌丛沙丘剖面有机碳同位素 $\delta^{13}C$ 结果分析

在不同时期，额济纳地区柽柳灌丛沙丘中植物残体的稳定碳同位素（$\delta^{13}C$）
有明显变化，其变化范围在-25.26‰～-22.42‰，平均值为-23.67‰。根据 $\delta^{13}C$ 值
的变化趋势，可以将其划分为三个阶段（图 5.3 和表 5.3）：①剖面深度 480～215cm

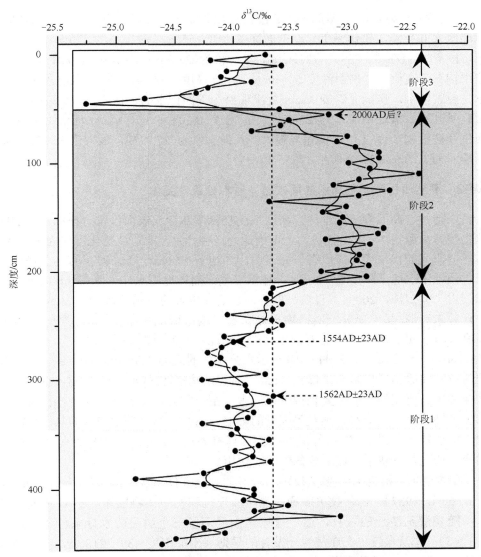

图 5.3　阿拉善高原额济纳地区灌丛沙丘沉积物中植物残体 δ^{13}C 变化

平滑曲线为 10 点滑动平均；虚线为整个灌丛沙丘剖面 δ^{13}C 平均值

表 5.3　阿拉善高原额济纳地区灌丛沙丘沉积物中植物残体及现生柽柳叶片 δ^{13}C 变化

δ^{13}C/‰	深度/cm	最小值/‰	最大值/‰	平均值/‰	标准差/‰
植物残体	480~0	-25.26	-22.42	-23.67	0.56
	480~215	-24.85	-23.10	-23.96	0.31
	210~55	-23.85	-22.42	-23.06	0.31
	50~0	-25.26	-23.59	-24.16	0.50
现生植物	—	-27.81	-23.41	-25.27	1.28

（沙丘高度 0～265cm），该阶段 δ^{13}C 值在-24.85‰～-23.10‰，平均值为-23.96‰，标准差为 0.31‰，整体偏负。②剖面深度 210～55cm（沙丘高度 270～425cm），该阶段 δ^{13}C 值在-23.85‰～-22.42‰，平均值为-23.06‰，标准差为 0.31‰，δ^{13}C 值维持在较高值。③剖面深度 50～0cm（沙丘高度 430～480cm），该阶段 δ^{13}C 值首先急剧降低，在剖面深度 45cm 处出现整个剖面记录的最低值（-25.26‰），随后有所升高，但最高值仅为-23.59‰，标准差 0.50‰。取样灌丛沙丘周围区域，现生柽柳植物叶片的 δ^{13}C 值差异较大，其最小值为-27.81‰，最大值为-23.41‰，标准差为 1.28‰（29 个样品，表 5.3）。

5.4.2　灌丛沙丘沉积物揭示的阿拉善高原水分条件变化

在阿拉善高原额济纳地区，所选取的柽柳灌丛沙丘表面仅发育柽柳，剖面中植物残体来源相对简单，且基本上可确认为柽柳叶片，其 δ^{13}C 变化可作为古气候、古环境研究的代用指标。已有研究表明，当地下水位低于 5m 时，有利于柽柳生长，当地下水位下降至 5～7m 时，柽柳衰退，而当地下水位下降在 8m 以下，柽柳死亡（程国栋，2009）。目前，取样沙丘所在位置地下水位在 2.3～3.5m，灌丛沙丘并未衰退。虽然研究表明植物 δ^{13}C 值在不同区域反映降水（刘光琇等，2004）、温度（Li et al.，2007）和相对湿度（Shu et al.，2005）的变化，或指示相对湿度（Mccarroll and Loader，2004），或揭示水分条件的波动（Diefendorf et al.，2010），但阿拉善高原年平均降水量仅 35.7mm，而蒸发量高达 3400mm，在这一区域，尽管柽柳生长所需的水分主要来源于地下水，由于缺乏直接的证据支持，柽柳的生长仍可能受温度、降水、蒸发等因素的影响。因此，结合塔中地区灌丛沙丘沉积物中植物残体的 δ^{13}C 的分析，阿拉善高原柽柳灌丛沙丘沉积物中植物残体 δ^{13}C 值的变化情况，反映了区域水分条件的变化历史。

研究表明，植物 δ^{13}C 偏负反映了较好的水分条件（苏波等，2000；Stuiver and Braziunas，1987），在阿拉善高原，灌丛沙丘沉积物中植物残体的 δ^{13}C 值变化显示，随着灌丛沙丘的发育，这一区域至少经历了三个明显的水分条件变化阶段（图 5.3）：①阶段 1，在灌丛沙丘发育的早期（剖面深度 480～215cm，沙丘高度增长至 265cm），植物残体 δ^{13}C 值整体低于平均值（-23.67‰），大约在 1554AD 之前，可能由于地表水消失时间较短，地下水位仍比较高，区域水分条件较好。②阶段 2，自灌丛沙丘高度增长至 270cm（剖面深度 210cm）后，δ^{13}C 值迅速增大，说明区域水分条件迅速变差，一直持续到沙丘高度发育至 425cm（剖面深度 55cm）。③阶段 3，在灌丛沙丘高度发育至 430～480cm（剖面深度 50～0cm），δ^{13}C 值表现为减小趋势，由于自 2000AD 开始实施了额济纳地区的调水方案，因此本书推测这一变化始于 2000AD，区域水分条件得以改善。

在阿拉善高原地下水位变化的研究中，肖生春等（2004）和孙军艳等（2006）

分别利用轮宽指数和树轮揭示了地下水位变化。前者的数据显示自 1776AD 以来，额济纳地区地下水位较高时段主要包括 1781～1787AD、1791～1806AD、1846～1857AD、1878～1910AD、1953～1973AD 和 1992～1997AD；较低时段主要包括 1776～1780AD、1809～1816AD、1826～1845AD、1858～1876AD、1911～1952AD、1980～1986AD 和 1988～1991AD（图 5.4）。然而，后者的数据则表明，1827AD 以来，1850～1874AD、1908～1923AD、1938～1958AD、1974～1981AD 和 1993～2002AD 时段的轮宽指数较高，而 1827～1849AD、1875～1908AD、1924～1937AD、1959～1973AD 和 1982～1992AD 时段轮宽指数较低（图 5.4）。上述两个记录差异明显，并不具有很好的一致性。这可能是由于地下水位并不是植被生长的唯一水分因素，此外，植被的生长发育也可能与其所处的地形、地貌等条件有关。

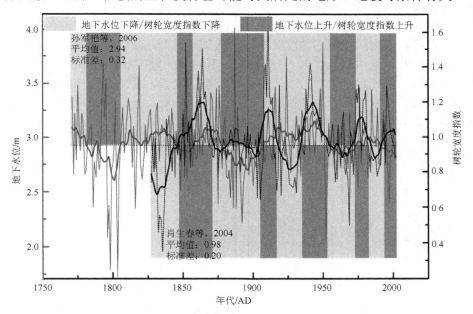

图 5.4　阿拉善高原额济纳地区地下水位重建结果以及树轮宽度指数变化情况

水位重建结果引自孙军艳等，2006；树轮宽度指数变化引自肖生春等，2004；灰色曲线为阿拉善高原额济纳地区地下水位重建结果，其中，灰色加粗曲线为 10 点滑动平均；黑色曲线为树轮宽度指数变化情况，其中，黑色加粗曲线为 10 点滑动平均；图中浅灰和深灰色填充分别代表区域水分条件较差和较好

综上所述，在极端干旱区，植被的 $\delta^{13}C$ 值揭示了区域水分条件变化，为进一步确认柽柳叶片 $\delta^{13}C$ 值与地下水位的关系，在取样灌丛沙丘周围 1km 范围，地下水位深度比较一致的区域内，随机采集 29 个当年生柽柳叶片进行 $\delta^{13}C$ 分析。结果表明，$\delta^{13}C$ 值的变化范围在-27.81‰～-23.41‰，标准差为 1.28‰，差异显著。这揭示了在阿拉善高原地区，灌丛沙丘沉积物中植物残体的 $\delta^{13}C$ 值反映的是区域水分条件的综合变化情况，而不仅是地下水位的波动变化。

5.5　阿拉善高原灌丛沙丘形成发育过程

　　取样灌丛沙丘的发育过程记录了过去几个世纪以来阿拉善高原风力条件、物源供应和水分条件等的演变历史，并揭示了区域风沙地貌的演化过程。自 1359AD 以来，研究区受人类活动影响较小，根据灌丛沙丘发育过程中沉积物的粒度变化特征，植物残体的 $\delta^{13}C$ 值变化情况，以及历史文献记录和野外考察结果，阿拉善高原的灌丛沙丘发育过程和区域环境变化大致可分为三个阶段：①起源阶段。地表水刚刚消失，地表物质在植被周围堆积，形成雏形灌丛沙丘。该阶段干河/湖床面主要发生粗化过程，由于物源丰富，灌丛沙丘快速发育，并记录区域的水分条件变化。直至粗化过程基本完成，灌丛沙丘的物源趋于稳定，其发育过程开始记录区域风力条件变化[图 5.5（a）和（d）]。②发展阶段。地下水位仍较高，植被生长发育良好，但由于物源丰富度降低，沙丘发育缓慢，随着沙丘高度的增长，植物根系愈发难以到达地下水位，沙丘达到了其发育的最大规模[图 5.5（b）和（e）]。③衰退阶段。区域水分条件的恶化抑制了植被的生长，灌丛沙丘开始衰退，在强烈的风沙活动下，沙丘表层开始活化，高度开始降低，并最终演化为沙片或流动沙丘[图 5.5（c）和（f）]。

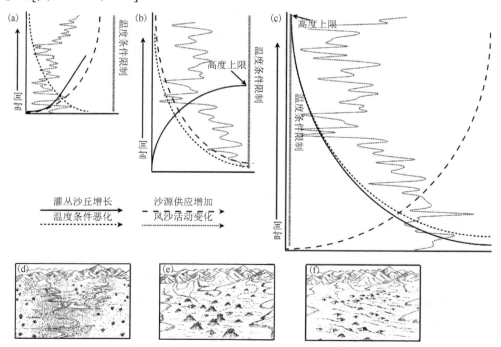

图 5.5　阿拉善高原水分条件、物源供应和风沙活动共同作用下灌丛沙丘的形成发育

Wang et al.，2008

参 考 文 献

程国栋. 2009. 黑河流域水-生态-经济系统综合管理研究. 北京: 科学出版社.

刘光琇, 陈拓, 安黎哲, 等. 2004. 青藏高原北部植物叶片碳同位素组成特征的环境意义. 地球科学进展, 19(5): 749-753.

罗桂环. 2007. 近 80 年来额济纳河流域的环境变迁. 自然科学史研究, 26(5): 31-42.

肖生春, 肖洪浪, 周茂先, 等. 2004. 近百年来西居延海湖泊水位变化的湖岸林树轮记录. 冰川冻土, (5): 557-562.

苏波, 韩兴国, 李凌浩, 等. 2000. 中国东北样带草原区植物 $\delta^{13}C$ 值及水分利用效率对环境梯度的响应. 植物生态学报, 24(6): 648-655.

孙军艳, 刘禹, 蔡秋芳, 等. 2006. 额济纳 233 年来胡杨树轮年表的建立及其所记录的气象、水文变化. 第四纪研究, (5): 799-807.

赵元杰, 王晓毅, 夏训诚, 等. 2011. 新疆罗布泊地区近 160 年来红柳沙包沉积纹层 $\delta^{13}C$ 与气候重建. 第四纪研究, 31(1): 130-136.

朱震达, 刘恕, 高前兆, 等. 1983. 内蒙西部古居延—黑城地区历史时期环境的变化与沙漠化过程. 中国沙漠, 3(2): 5-12.

ANDERSON R S, HALLET B. 1986. Sediment transport by wind: toward a general model. Geological Society of America Bulletin, 97(5): 523-535.

ARGAMAN E, SINGER A, TSOAR H. 2006. Erodibility of some crust forming soils/sediments from the Southern Aral Sea Basin as determined in a wind tunnel. Earth Surface Processes and Landforms, 31(1): 47-63.

BUCKLEY R. 1987. The effect of sparse vegetation on the transport of dune sand by wind. Nature, 325: 426-428.

DIEFENDORF A F, MUELLER K E, WING S L, et al. 2010. Global patterns in leaf ^{13}C discrimination and implications for studies of past and future climate. Proceedings of the National Academy of Sciences, 107(13): 5738-5743.

FORMAN S L, NORDT L, GOMEZ J, et al. 2009. Late Holocene dune migration on the south Texas sand sheet. Geomorphology, 108(3): 159-170.

FRYBERGER S G, DEAN G. 1979. Dune forms and wind regime//Mckee E D eds.A Study of Global Sand Seas. Washington: United States Government Printing Office.

HANSON P R, JOECKEL R M, YOUNG A R, et al. 2009. Late Holocene dune activity in the Eastern Platte River Valley, Nebraska. Geomorphology, 103(4): 555-561.

HOUSER C A, NICKLING W G. 2001. The emission and vertical flux of particulate matter <10 μm from a disturbed clay-crusted surface. Sedimentology, 48(2): 255-267.

LI M, LIU H, LI L, et al. 2007. Carbon isotope composition of plants along altitudinal gradient and its relationship to environmental factors on the Qinghai-Tibet Plateau. Polish Journal of Ecology, 55(1): 67.

LI N, GU W, OKADA N, et al. 2005. The utility of Hayashi's quantification theory for assessment of land surface indices in influence of dust storms: a case study in Inner Mongolia, China. Atmospheric Environment, 39(1): 119-126.

LI X, LIU L. 2003. Effect of gravel mulch on aeolian dust accumulation in the semiarid region of northwest China. Soil and Tillage Research, 70(1): 73-81.

LIVINGSTONE I, WARREN A. 1996. Aeolian Geomorphology: An Introduction. New York: Addison Wesley Longman Ltd.

MCCARROLL D, LOADER N J. 2004. Stable isotopes in tree rings. Quaternary Science Reviews, 23(7): 771-801.

MCLAREN P. 1981. An interpretation of trends in grain size measures. Journal of Sedimentary Research, 51(2): 611-624.

NIELD J M, BAAS A C W. 2008a. Investigating parabolic and nebkha dune formation using a cellular automaton modelling approach. Earth Surface Processes and Landforms, 33(5): 724-740.

NIELD J M, BAAS A C W. 2008b. The influence of different environmental and climatic conditions on vegetated aeolian dune landscape development and response. Global and Planetary Change, 64(1): 76-92.

RICE M A, MCEWAN I K. 2001. Crust strength: a wind tunnel study of the effect of impact by saltating particles on cohesive soil surfaces. Earth Surface Processes and Landforms, 26(7): 721-733.

SEIFERT C L, COX R T, FORMAN S L, et al. 2009. Relict nebkhas (pimple mounds) record prolonged late Holocene drought in the forested region of south-central United States. Quaternary Research, 71(3): 329-339.

SHU Y, FENG X, GAZIS C, et al. 2005. Relative humidity recorded in tree rings: a study along a precipitation gradient in the Olympic Mountains, Washington, USA. Geochimica Et Cosmochimica Acta, 69(4): 791-799.

STUIVER M, BRAZIUNAS T F. 1987. Tree cellulose $^{13}C/^{12}C$ isotope ratios and climatic change. Nature, 328(6125): 58-60.

SUN J, ZHANG M, LIU T. 2001. Spatial *and* temporal characteristics of dust storms in China *and* its surrounding regions, 1960～1999: Relations to source area and climate. Journal of Geophysical Research, 106(D10): 10325-10333.

SUN J, ZHAO L, ZHAO S, et al. 2006. An integrated dust storm prediction system suitable for east Asia and its simulation results. Global and Planetary Change, 52(1): 71-87.

TARAMELLI A, PASQUI M, BARBOUR J, et al. 2012. Spatial and temporal dust source variability in Northern China identified using advanced remote sensing analysis. Earth Surface Processes and Landforms, doi: 10.1002/esp.3321.

WANG X, DONG Z, YAN P, et al. 2005a. Surface sample collection and dust source analysis in northwestern China. Catena, 59(1): 35-53.

WANG X, DONG Z, YAN P, et al. 2005b. Wind energy environments and dunefield activity in the Chinese deserts. Geomorphology, 65(1): 33-48.

WANG X, XIAO H, LI J, et al. 2008. Nebkha development and its relationship to environmental change in the Alaxa Plateau, China. Environmental Geology, 56(2): 359-365.

WANG X, WANG T, DONG Z, et al. 2006. Nebkha development and its significance to wind erosion and land degradation in semi-arid northern China. Journal of Arid Environments, 65(1): 129-141.

WIGGS G F S, THOMAS D S G, BULLARD J E, et al. 1995. Dune mobility and vegetation cover in the southwest Kalahari Desert. Earth Surface Processes and Landforms, 20(6): 515-529.

WOLFE S A, NICKLING W G. 1993. The protective role of sparse vegetation in wind erosion. Progress in Physical Geography, 17(1): 50-68.

WOLFE S A, NICKLING W G. 1996. Shear stress partitioning in sparsely vegetated desert canopies. Earth Surface Processes and Landforms, 21(7): 607-619.

第 6 章　坝上高原灌丛沙丘形成发育及其对沙漠化的指示

本章对坝上高原化德地区小叶锦鸡儿灌丛沙丘沉积物的粒度、总有机碳（TOC）含量、总氮（TN）含量、C/N 值以及地球化学元素进行分析，探讨上述指标对区域环境变化的指示意义，通过 AMS ^{14}C 测年获得的剖面年代结果建立年代序列，并结合器测气象数据和区域土地开垦史等，重建坝上高原近 80 年来的风沙活动强度变化和沙漠化过程。

6.1　化德灌丛沙丘剖面描述

在坝上高原地区，所选取的采样点位于内蒙古自治区化德县七号镇已开垦的草原带（42°11.325′ N，114°26.740′ E，1360m a.s.l.），下伏地形为剥蚀低山丘陵和缓坡丘陵（彩图 9）。根据野外考察结果，结合历史文献记录和地方志等，在草原开垦以前，这一区域应为植被比较茂密的草原，但有少量的灌丛沙丘发育（王涛等，1991）。在当地进行的社会调查显示，灌丛沙丘开始大规模发育是在 20 世纪 30 年代（1937 年）草原开垦之后。所选取的小叶锦鸡儿灌丛沙丘近似半椭球体，长约 6.80m，宽约 4.00m，高度为 1.40m，植被盖度在 70%以上，除少部分区域外，灌丛沙丘群已被耕地所包围（彩图 9）。在 2011 年 5 月，从取样灌丛沙丘中心位置往下开挖垂直剖面，并自沙丘顶部向下以 1cm 间隔进行取样，共获得 140 个风成沉积和 20 个下伏地层样品，其中，下伏地层样品黏土含量较高，有少量砾石夹杂在其中，与风成沉积物有明显区别。

6.2　化德灌丛沙丘年代序列建立

灌丛沙丘剖面于 2011 年 5 月开挖，故沙丘顶部主要为 2010 年的堆积。在沙丘 10cm 高度处（自沙丘底部向上）的两个植被残体样品中，根据 AMS ^{14}C 定年结果，埋藏草种残体为现代碳，而另一植被落叶残体的年代为 385±25a BP（校正日历年 1535AD），在沙丘 60cm 高度处埋藏的落叶残体为现代碳（表 6.1）。因此，根据测年结果以及灌丛沙丘自身的发育特性，所选取的沙丘已有近 500 年的发育历史，但在研究区土地开垦之前发育非常缓慢，数百年来一直保持在 10cm 左右的高度，而自 20 世纪 30 年代后期草原开垦之后，灌丛沙丘才迅速发育和增长。因此，该灌丛沙丘自高度 10cm 之上，其沉积物记录的主要是近 80 年以来的区域环境演变历史。

表 6.1　坝上高原化德地区小叶锦鸡儿灌丛沙丘的测年结果

样品号	高度/cm	材料	^{14}C 年代/a BP	日历年范围/cal AD	日历年/cal AD	校正程序
HBA80	60	叶片	现代碳	—	—	—
HBA130-1	10	叶片	385±25	1444～1626	1535	Calib6.1.0
HBA130-2	10	种子	现代碳	—	—	—

6.3　化德灌丛沙丘剖面沉积物环境代用指标分析

6.3.1　灌丛沙丘剖面粒度结果分析

不同时期堆积的灌丛沙丘沉积物的粒度变化显著，其中，中值粒径变化范围为 79～367μm（平均值 182μm），粒径小于 4μm 和 200μm 颗粒组分的百分含量分别为 2.71%～11.91%（平均值 7.16%）和 31.72%～80.53%（平均值 54.85%）。此外，在化德地区，沉积物粒径小于 130μm 的颗粒组分百分含量与 TOC、TN 含量的相关系数最高，但粒径小于 130μm 的颗粒组分百分含量与粒径小于 200μm 的颗粒组分百分含量变化趋势基本一致，因此本书仅对粒径小于 200μm 颗粒组分的百分含量变化情况进行分析（图 6.1 和表 6.2）。灌丛沙丘下伏地层样品较沙丘沉积物的中值粒径偏粗，一般在 292～469μm，平均值为 366μm；粒径小于 4μm 和 200μm 颗粒组分的百分含量较低，平均值分别为 2.86% 和 28.98%。

根据灌丛沙丘剖面的粒度变化情况，可将其发育过程划分为三个阶段（图 6.1 和表 6.2）：①沙丘高度 1～45cm 阶段，随灌丛沙丘高度的增长，沉积物中值粒径显著降低，明显较下伏地层沉积物变细，但仍是整个灌丛沙丘发育过程中的最高值阶段，其值在 103～367μm，平均值为 224μm，标准差为 68μm。此外，在这一阶段，粒径小于 4μm 和 200μm 颗粒组分的百分含量平均值分别为 6.21% 和 47.73%，较下伏沉积物显著增高，但在灌丛沙丘剖面中为含量最低时段。②沙丘高度为 46～75cm 阶段，该阶段沉积物中值粒径、粒径小于 4μm 和 200μm 颗粒组分的百分含量变化不大，分别为 143～220μm、4.91%～8.39% 和 46.77%～61.62%，标准差分别是 20μm、0.76% 和 3.97%。③沙丘高度为 76～140cm 阶段，在这一阶段，上述 3 个粒度指标波动幅度较大，中值粒径较小，平均值为 152μm；粒径小于 4μm 和 200μm 颗粒组分的百分含量较高，平均值分别为 7.92% 和 60.46%。其中，在沙丘高度 92cm 和 122cm 左右，分别出现中值粒径最高和最低值，而粒径小于 4μm 和 200μm 颗粒组分的百分含量出现最低和最高值。此外，分析结果也表明，粒径小于 4μm 与小于 130μm 和小于 200μm 颗粒组分的百分含量变化表现为正相关关系。

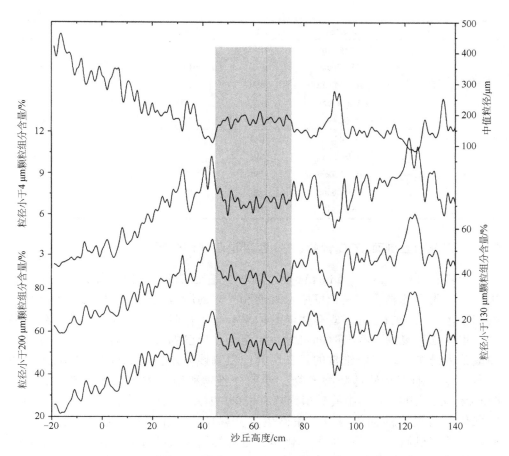

图 6.1　坝上高原化德地区灌丛沙丘风成沉积及下伏沉积物粒度变化

表 6.2　坝上高原不同阶段灌丛沙丘风成沉积及下伏沉积物粒度特征

代用指标	沙丘高度	最小值	最大值	平均值	标准差
粒径小于 4μm 颗粒组分含量/%	1~45cm	2.71	10.46	6.21	2.03
	46~75cm	4.91	8.39	6.93	0.76
	76~140cm	4.44	11.91	7.92	1.54
	1~140cm	2.71	11.91	7.16	1.77
	下伏地层	2.02	4.44	2.86	0.59
粒径小于 130μm 颗粒组分含量/%	1~45cm	21.13	57.26	35.86	9.39
	46~75cm	33.01	46.91	38.61	3.43
	76~140cm	24.74	68.12	46.50	8.29
	1~140cm	21.13	68.12	41.39	9.29
	下伏地层	13.90	26.79	19.54	3.89

续表

代用指标	沙丘高度	最小值	最大值	平均值	标准差
粒径小于<200μm 颗粒组分含量/%	1～45cm	31.72	70.78	47.73	10.07
	46～75cm	46.77	61.62	53.35	3.97
	76～140cm	34.46	80.53	60.46	8.85
	1～140cm	31.72	80.53	54.85	10.19
	下伏地层	20.62	37.37	28.98	5.08
中值粒径/μm	1～45cm	103	367	224	68
	46～75cm	143	220	184	20
	76～140cm	79	313	152	44
	1～140cm	79	367	182	59
	下伏地层	292	469	366	54

6.3.2　灌丛沙丘剖面 TOC 含量、TN 含量和 C/N 值分析

土壤有机质（soil organic matter，SOM）是土壤的重要组成部分，泛指土壤中来源于生命的物质，是土壤中原有的和外来的所有动植物残体的各种分解产物和新形成的产物总称，既有化学结构单一、存在时间仅有几分钟的单糖或多糖，也有结构复杂、存在时间可达百年至千年尺度的腐殖质类物质，既包括主要成分为纤维素、半纤维素的正在腐解的植物残体，也包括与土壤矿质颗粒和团聚体结合的植物残体降解产物、根系分泌物和菌丝体（武天云等，2004；Christensen，1992），其中的碳即为总有机碳（TOC）。TOC 含量是进入土壤的生物残体等有机质的输入与以土壤微生物分解作用为主的有机质损失之间的平衡。土壤有机质与土壤的物理、化学、生物等属性直接或间接相关，不仅能改善土壤结构、保持土壤水分，还与土壤的通气性、渗透性、吸附性和缓冲性等关系密切。一般情况下，土壤有机质含量越高，土壤肥力就越高（Bolling and Walker，2002；Six et al.，2002；Tongway et al.，1989）。氮素是植物生长所必需的营养元素，土壤总氮（TN）包括有机氮和无机氮，其含量直接表征土壤为植物提供氮的潜能（朱志梅等，2007；Lawlor et al.，2001；Johnson and Thornley，1985；Nelson and Sommers，1973）。C/N 值即总有机碳与总氮的比值。

本章共分析了 160 个样品的 TOC 含量、TN 含量和 C/N 值，其中，包括 20 个下伏沉积物样品。下伏沉积物样品的 TOC 含量、TN 含量和 C/N 值变化较小，且 3 个指标的平均值均较低，分别仅为 3.35g/kg、0.61g/kg 和 5.57，明显低于灌丛沙丘沉积物。自灌丛沙丘形成至发育到 140cm 高度，堆积于不同时期的灌丛沙丘沉积物的 TOC 含量、TN 含量和 C/N 值分别为 3.73～19.12g/kg、0.59～2.37g/kg 和 5.18～9.21，平均值分别为 9.85g/kg、1.46g/kg 和 6.65，波动变化明显，且 3 个指标变化趋势较为一致。结合粒度指标变化情况，在灌丛沙丘发育过程中，TOC

含量、TN 含量和 C/N 值的变化大致可以划分为三个阶段（图 6.2 和表 6.3）：①沙丘高度 1～45cm 阶段，该阶段灌丛沙丘自 10cm 以后迅速增长，沉积物 TOC 含量、TN 含量和 C/N 值呈现明显上升趋势，TOC 和 TN 含量较下伏沉积物显著增大；②沙丘高度 46～75cm 阶段，在这一阶段，沉积物中上述 3 个指标变化均不大；③沙丘高度 76～140cm 阶段，这一阶段 3 个指标有较大的波动，整体上随沙丘高度增高其值逐渐升高，其中，C/N 值升高趋势最为明显。

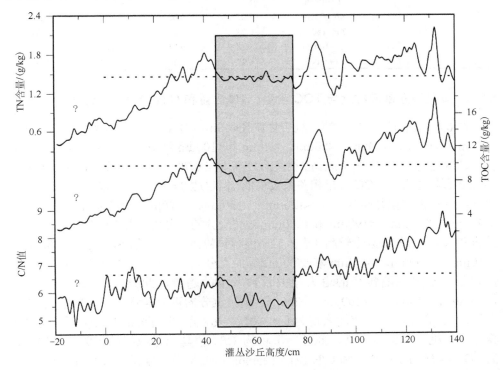

图 6.2　坝上高原化德地区灌丛沙丘及下伏沉积物的 TOC 含量、TN 含量和 C/N 值变化

表 6.3　坝上高原化德地区灌丛沙丘不同发育阶段风成沉积及下伏沉积物
TOC 含量、TN 含量和 C/N 值统计结果

代用指标	沙丘高度	最小值	最大值	平均值	标准差
	1～45cm	3.73	11.58	7.57	2.19
	46～75cm	7.71	9.88	8.27	0.53
TOC 含量/(g/kg)	76～140cm	7.82	19.12	12.16	2.18
	1～140cm	3.73	19.12	9.85	2.91
	-19～0cm	2.29	4.57	3.35	0.78

代用指标	沙丘高度	最小值	最大值	平均值	标准差
	1~45cm	0.59	1.87	1.23	0.36
	46~75cm	1.36	1.59	1.43	0.05
TN 含量/(g/kg)	76~140cm	1.10	2.37	1.64	0.24
	1~140cm	0.59	2.37	1.46	0.32
	-19~0cm	0.39	0.84	0.61	0.15
	1~45cm	5.18	7.21	6.17	0.40
	46~75cm	5.25	6.63	5.78	0.36
C/N 值	76~140cm	6.27	9.21	7.39	0.67
	1~140cm	5.18	9.21	6.65	0.88
	-19~0cm	4.28	6.36	5.57	0.48

6.3.3　灌丛沙丘剖面粒度与 TOC 含量、TN 含量和 C/N 值相关性分析

在 0.01 显著性水平上,沙丘沉积物粒径<4μm、<10μm、<20μm、<30μm、<40μm、<50μm、<63μm、<70μm、<80μm、<90μm 和<100μm 颗粒组分的百分含量与 TOC 含量、TN 含量显著相关,Pearson 相关系数基本在 0.700 以上,粒径<30μm、<40μm、<50μm 颗粒组分与 TOC 含量相关系数稍低,但也达 0.694、0.684 和 0.696(表 6.4)。此外,沉积物中粒径<110μm、<120μm、<130μm、<140μm、<150μm、<160μm、<170μm、<180μm、<190μm 和<200μm 颗粒组分的百分含量与 TOC 含量、TN 含量的 Pearson 相关系数也较高(表 6.5)。但粗颗粒组分,如粒径<250μm、<300μm、<350μm、<400μm、<450μm 和<500μm 等的百分含量则与 TOC 含量、TN 值相关性较差,且呈现随粒径的增大相关系数减小的趋势,此外,沉积物组分中粒径>63μm、>100μm、>200μm、>300μm 颗粒组分的百分含量、中值粒径与 TOC 含量、TN 含量、C/N 值均表现为负相关(表 6.6),这些结果表明粗颗粒物质中养分和有机质等含量较低。此外,沉积物 C/N 值与上述粒级的相关性均较低,但 TOC 含量与 TN 含量和 C/N 值的 Pearson 相关系数分别是 0.901 和 0.741,C/N 值与 TN 含量的 Pearson 相关系数仅为 0.385(表 6.4),TN 与 TOC 变化趋势基本一致(图 6.2),这些结果表明,C/N 值变化主要受 TOC 含量变化控制,受 TN 含量和粒度变化的影响较小。

表 6.4　灌丛沙丘沉积物粒径小于 100μm 粒度不同组分与 TOC 含量、TN 含量及 C/N 值的相关性

	<4μm	<10μm	<20μm	<30μm	<40μm	<50μm	<63μm	<70μm	<80μm	<90μm	<100μm	TOC	TN	C/N
<4μm	1													
<10μm	0.93	1												
<20μm	0.87	0.98	1											
<30μm	0.85	0.97	0.99	1										
<40μm	0.84	0.96	0.98	0.99	1									

续表

	<4μm	<10μm	<20μm	<30μm	<40μm	<50μm	<63μm	<70μm	<80μm	<90μm	<100μm	TOC	TN	C/N
<50μm	0.85	0.96	0.98	0.99	0.99	1								
<63μm	0.86	0.96	0.98	0.99	0.99	0.99	1							
<70μm	0.87	0.96	0.98	0.98	0.98	0.99	0.99	1						
<80μm	0.88	0.97	0.98	0.98	0.98	0.99	0.99	0.99	1					
<90μm	0.88	0.97	0.97	0.97	0.97	0.98	0.99	0.99	0.99	1				
<100μm	0.89	0.97	0.97	0.96	0.96	0.97	0.98	0.99	0.99	0.99	1			
TOC 含量	0.72	0.76	0.73	0.69	0.68	0.70	0.73	0.74	0.76	0.77	0.78	1		
TN 含量	0.79	0.82	0.79	0.77	0.75	0.75	0.77	0.77	0.78	0.79	0.80	0.90	1	
C/N 值	0.32	0.38	0.35	0.31	0.31	0.33	0.37	0.39	0.41	0.43	0.44	0.74	0.39	1

注：表中相关系数均达到 0.01 显著性水平。

表 6.5　灌丛沙丘沉积物粒径小于 200μm 粒度不同组分与 TOC 含量、TN 含量及 C/N 值的相关性

	<110μm	<120μm	<130μm	<140μm	<150μm	<160μm	<170μm	<180μm	<190μm	<200μm	TOC	TN	C/N
<110μm	1												
<120μm	0.99	1											
<130μm	0.99	0.99	1										
<140μm	0.99	0.99	0.99	1									
<150μm	0.98	0.99	0.99	0.99	1								
<160μm	0.98	0.99	0.99	0.99	0.99	1							
<170μm	0.97	0.98	0.99	0.99	0.99	0.99	1						
<180μm	0.96	0.97	0.98	0.99	0.99	0.99	0.99	1					
<190μm	0.95	0.96	0.97	0.98	0.99	0.99	0.99	0.99	1				
<200μm	0.94	0.95	0.96	0.97	0.98	0.99	0.99	0.99	0.99	1			
TOC 含量	0.79	0.79	0.79	0.79	0.78	0.77	0.77	0.76	0.75	0.74	1		
TN 含量	0.81	0.81	0.82	0.82	0.81	0.81	0.81	0.80	0.80	0.79	0.90	1	
C/N 值	0.44	0.44	0.43	0.42	0.41	0.40	0.39	0.37	0.36	0.35	0.74	0.39	1

注：表中相关系数均达到 0.01 显著性水平。

表 6.6　灌丛沙丘沉积物粒径小于 500μm 和大于 63μm 粒度不同组分与 TOC 含量、TN 含量及 C/N 值的相关性

	<250μm	<300μm	<350μm	<400μm	<450μm	<500μm	>63μm	>100μm	>200μm	>300μm	中值粒径	TOC	TN	C/N
<250μm	1													
<300μm	0.99	1												
<350μm	0.98	0.99	1											

续表

	<250μm	<300μm	<350μm	<400μm	<450μm	<500μm	>63μm	>100μm	>200μm	>300μm	中值粒径	TOC	TN	C/N
<400μm	0.97	0.99	0.99	1										
<450μm	0.95	0.98	0.99	0.99	1									
<500μm	0.93	0.97	0.98	0.99	0.99	1								
>63μm	-0.78	-0.72	-0.68	-0.64	-0.61	-0.59	1							
>100μm	-0.86	-0.80	-0.76	-0.72	-0.69	-0.67	0.98	1						
>200μm	-0.99	-0.97	-0.95	-0.92	-0.90	-0.88	0.85	0.92	1					
>300μm	-0.99	-1.00	-0.99	-0.99	-0.98	-0.97	0.72	0.80	0.97	1				
中值粒径	-0.95	-0.93	-0.91	-0.89	-0.87	-0.85	0.85	0.91	0.96	0.93	1			
TOC含量	0.68	0.63	0.59	0.56	0.54	0.52	-0.73	-0.78	-0.74	-0.63	-0.74	1		
TN含量	0.76	0.72	0.69	0.66	0.64	0.62	-0.77	-0.80	-0.79	-0.72	-0.81	0.90	1	
C/N值	0.29	0.24	0.21*	0.19*	0.18*	0.17*	-0.37	-0.44	-0.35	-0.24	-0.32	0.74	0.37	1

注：*表示在 0.05 显著性水平的 Pearson 相关系数，其余为在 0.01 显著性水平。

6.3.4 灌丛沙丘剖面元素结果分析

灌丛沙丘沉积物的常量和微量元素含量在不同层位上均有一定变化（图 6.3）。在常量元素中，SiO_2 平均含量最高，达到 75.11%；其次是 Al_2O_3、K_2O、Fe_2O_3、Na_2O、CaO、MgO 和 Ti；它们的平均含量分别为 10.23%、2.74%、2.55%、1.95%、1.61%、0.93% 和 0.24%（表 6.7）。在微量元素中，P、V、Cr、Mn、Co、Ni、Cu、Ga、As、Rb、Sr、Y、Zr、Nb、Ba、Ce 和 Pb 等的平均含量变化范围在 8.13～604.35μg/g（表 6.7）。此外，通过对一些地球化学指标，如 CIA（chemical index of alteration）（赵景波等，2011；熊尚发等，2008；Price and Velbel，2003；Jahn et al.，2001；Fedo et al.，1995；Chittleborough，1991；Nesbitt and Young，1982），CPA（chemical proxy of alteration）（Fitzsimmons et al.，2012；Hofer et al.，2012；Zhang et al.，2012；Buggle et al.，2011），Na/K（或 K_2O/ Na_2O）（魏震洋等，2009），Fe/Sr（Liang et al.，2012）和 Rb/Sr（Yang et al.，2004；Chen et al.，2003；Chen et al.，2001；Chen et al.，1999）等的分析，结果表明，CIA、CPA、K_2O/Na_2O、Fe/Sr 和 Rb/Sr 的变化量分别为 48.40～56.50、73.89～77.57、0.91～0.97、81.16～125.52 和 0.51～0.56。

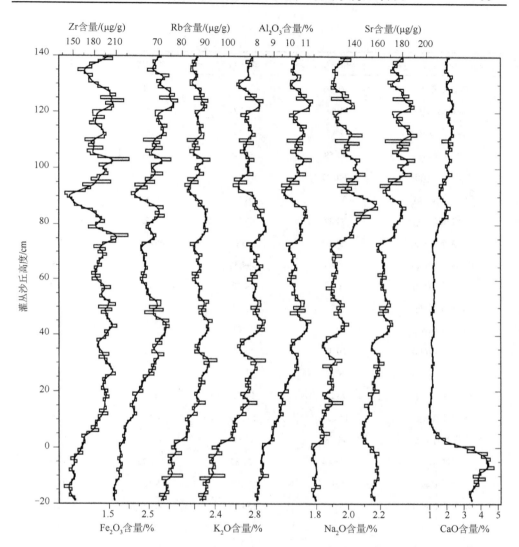

图 6.3　灌丛沙丘沉积物部分元素分析结果

平滑线为 3 点滑动平均

表 6.7　灌丛沙丘沉积物元素统计结果

元素（化合物）含量	最小值	最大值	平均值	标准差
SiO_2 含量/%	67.90	81.94	75.11	3.26
Al_2O_3 含量/%	8.25	11.41	10.23	0.60
Fe_2O_3 含量/%	1.75	3.23	2.55	0.31
MgO 含量/%	0.52	1.29	0.93	0.18

元素（化合物）含量	最小值	最大值	平均值	标准差
CaO 含量/%	0.97	2.47	1.61	0.46
Na₂O 含量/%	1.77	2.19	1.95	0.08
K₂O 含量/%	2.45	2.90	2.74	0.09
Ti 含量/%	17.59	30.04	0.24	0.03
P 含量/(μg/g)	340.27	675.81	505.91	64.16
V 含量/(μg/g)	35.71	61.70	49.89	5.76
Cr 含量/(μg/g)	34.52	57.96	48.22	4.69
Mn 含量/(μg/g)	250.97	523.09	402.96	58.70
Co 含量/(μg/g)	95.03	244.39	153.11	34.82
Ni 含量/(μg/g)	10.77	24.19	18.01	3.38
Cu 含量/(μg/g)	9.66	18.73	14.73	2.15
Zn 含量/(μg/g)	—	13.61	5.07	4.04
Ga 含量/(μg/g)	10.02	13.50	11.85	0.71
As 含量/(μg/g)	8.26	11.19	9.64	0.66
Rb 含量/(μg/g)	76.21	94.76	86.77	2.96
Sr 含量/(μg/g)	145.33	191.79	167.47	11.49
Y 含量/(μg/g)	12.88	17.80	15.29	1.17
Zr 含量/(μg/g)	138.44	227.82	187.02	14.98
Nb 含量/(μg/g)	5.99	9.72	8.13	0.73
Ba 含量/(μg/g)	558.23	656.70	604.35	15.86
Ce 含量/(μg/g)	60.38	80.84	71.57	4.50
Pb 含量/(μg/g)	6.43	16.24	12.25	2.12

注：Zn 元素最低含量 "—" 代表低于检出限，无法测出。

为确定灌丛沙丘沉积物组成的变化，对所测的 26 种元素进行主成分分析，结果显示，前 4 个主成分可以解释方差的 86.345%。其中，第 1 主成分可以解释方差的 60.500%，包括了载荷量>0.600（即对主成分的贡献率较大）的 18 种元素；在第 2 主成分中，载荷量>0.600 的仅有 Zr，而第 3 和第 4 主成分中各元素的载荷量均没有>0.6000（表 6.8）。对所测试的 26 种元素的相关分析表明，在 0.01 显著性水平下，大多数元素之间均有较高的相关性，其中，一些元素，如 Zr 分别与 As、Al₂O₃、Fe₂O₃、Cr、V、Ga、Ti、Rb、Y 和 Nb 中度相关（Pearson 相关系数

0.4～0.6）或强相关（相关系数 0.6～0.8）；Rb 分别与 Sr、Na₂O、Cr、MgO、Pb、P、Zr、Cu、Fe₂O₃、V、Mn、Y、Ti、Ba、Nb、Ga、Al₂O₃ 和 K₂O 中度相关甚至非常强相关（相关系数为 0.8～1.0）（表 6.9）。

表 6.8　各元素成分得分系数矩阵

元素（化合物）	第 1 主成分	第 2 主成分	第 3 主成分	第 4 主成分
P	0.892	−0.086	0.049	0.096
Ti	0.954	0.206	0.146	−0.087
V	0.960	0.128	0.149	−0.097
Cr	0.706	0.112	−0.163	−0.419
Mn	0.931	0.140	0.099	−0.096
Co	−0.810	0.505	0.044	0.148
Ni	0.813	−0.453	0.116	−0.101
Cu	0.935	−0.023	0.140	0.003
Zn	0.502	−0.098	0.227	0.392
Ga	0.843	0.317	−0.054	0.015
As	0.178	0.599	0.447	0.316
Rb	0.724	0.479	−0.409	0.129
Sr	0.872	−0.405	0.055	0.126
Y	0.777	0.488	0.218	0.007
Zr	0.421	0.685	0.019	−0.192
Nb	0.827	0.424	0.084	−0.120
Ba	0.422	0.200	−0.724	0.438
Ce	−0.105	0.594	0.362	0.341
Pb	0.901	−0.261	−0.137	−0.121
SiO₂	−0.916	0.354	−0.100	−0.116
Al₂O₃	0.974	0.075	−0.152	−0.043
Fe₂O₃	0.958	0.126	0.205	−0.047
MgO	0.970	−0.173	0.126	−0.051
CaO	0.532	−0.622	0.422	0.257
Na₂O	0.647	−0.420	−0.348	0.324
K₂O	0.672	0.184	−0.647	0.037

表6.9 灌丛沙丘沉积物各元素之间的相关分析结果

元素(化合物)	P	Ti	V	Cr	Mn	Co	Ni	Cu	Zn	Ga	As	Rb	Sr	Y	Zr	Nb	Ba	Ce	Pb	SiO_2	Al_2O_3	Fe_2O_3	MgO	CaO	Na_2O	K_2O
P	1.0																									
Ti	0.8	1.0																								
V	0.8	1.0	1.0																							
Cr	0.6	0.7	0.7	1.0																						
Mn	0.9	1.0	0.9	0.7	1.0																					
Co	-0.7	-0.7	-0.7	-0.6	-0.7	1.0																				
Ni	0.7	0.7	0.7	0.5	0.7	-0.9	1.0																			
Cu	0.9	0.9	0.9	0.6	0.9	-0.7	0.8	1.0																		
Zn	0.5	0.5	0.5	0.2	0.4	-0.4	0.8	0.4	1.0																	
Ga	0.7	0.9	0.8	0.6	0.8	-0.5	0.5	0.8	0.4	1.0																
As	0.1	0.3	0.3	0.1	0.2	0.2	-0.1	0.2	0.8	0.3	1.0															
Rb	0.6	0.7	0.7	0.5	0.7	-0.4	0.3	0.6	0.3	0.8	0.3	1.0														
Sr	0.8	0.7	0.8	0.5	0.7	-0.9	0.9	0.8	0.5	0.6	0.0	0.4	1.0													
Y	0.7	0.9	0.9	0.5	0.8	-0.4	0.4	0.8	0.4	0.8	0.5	0.7	0.5	1.0												
Zr	0.2	0.6	0.5	0.5	0.4	0.0	0.1	0.3	0.2	0.6	0.5	0.6	0.2	0.6	1.0											
Nb	0.7	0.9	0.9	0.6	0.8	-0.5	0.8	0.8	0.4	0.8	0.4	0.8	0.6	0.9	0.7	1.0										
Ba	0.4	0.3	0.3	0.3	0.3	-0.2	0.1	0.3	0.2	0.5	0.0	0.7	0.3	0.3	0.2	0.3	1.0									
Ce	0.0	0.0	0.0	-0.2	0.0	0.5	-0.3	0.0	0.0	0.1	0.4	0.1	-0.3	0.3	0.2	0.1	-0.1	1.0								
Pb	0.8	0.8	0.8	0.6	0.8	-0.9	0.8	0.8	0.4	0.7	-0.2	0.6	0.9	0.6	0.2	0.6	0.4	-0.3	1.0							
SiO_2	-0.9	-0.8	-0.8	-0.5	-0.8	0.9	-0.9	-0.9	-0.5	-0.7	-0.7	-0.5	-1.0	-0.6	-0.1	-0.6	-0.3	0.2	-0.9	1.0						
Al_2O_3	0.8	0.9	0.9	0.8	0.9	-0.8	0.7	0.9	0.4	0.8	0.2	0.8	0.8	0.8	0.5	0.8	0.5	-0.1	0.9	-0.8	1.0					
Fe_2O_3	0.9	1.0	1.0	0.7	1.0	-0.7	0.7	0.9	0.5	0.8	0.3	0.7	0.8	0.9	0.5	0.9	0.3	0.0	0.8	-0.9	0.9	1.0				
MgO	0.9	0.9	0.9	0.7	0.9	-0.9	0.9	0.9	0.5	0.7	0.1	0.6	0.9	0.7	0.3	0.7	0.3	-0.2	0.9	-1.0	0.9	0.9	1.0			
CaO	0.5	0.4	0.5	0.1	0.4	-0.7	0.7	0.5	0.5	0.2	-0.0	0.8	0.2	0.2	-0.2	0.2	-0.1	-0.2	0.6	-0.8	0.4	0.5	0.7	1.0		
Na_2O	0.6	0.5	0.5	0.4	0.5	-0.7	0.7	0.6	0.3	0.4	0.4	0.4	0.8	0.2	-0.1	0.3	0.6	-0.3	0.7	-0.8	0.6	0.5	0.6	0.5	1.0	
K_2O	0.6	0.6	0.6	0.6	0.6	-0.5	0.4	0.5	0.2	0.6	0.0	0.8	0.5	0.4	0.4	0.6	0.8	-0.2	0.7	-0.5	0.8	0.5	0.5	0.0	0.5	1.0

6.4　坝上高原近 80 年来风沙活动变化过程

6.4.1　灌丛沙丘剖面各代用指标的环境指示意义

坝上高原地区风沙活动强烈，在之前的研究中，Wang 等（2006）指出，研究区灌丛沙丘沉积物粒径大于 500μm 颗粒组分百分含量的变化指示了区域风沙活动强度的变化过程。此外，虽然海洋沉积（Heijs et al.，2008；Hepp et al.，2006；Raghukumar et al.，2004；Müller and Mathesius，1999；Mayer et al.，1988）、湖泊沉积（Tierney and Russell，2009；Briner et al.，2006；Meyers，2003；Snowball et al.，2002；Turcq et al.，2002）以及黄土—古土壤序列（Zhang et al.，2012；Huang et al.，2004；Vidic and Montanez，2004；Xiao et al.，2002；Liu and Ding，1998；文启忠等，1995）的 TOC 含量、TN 含量和 C/N 值变化为古气候环境重建提供了依据，但由于灌丛沙丘是受植被影响的沙丘类型，沉积物中的 TOC 含量和 TN 含量受植被影响较大。目前已有部分研究结果表明，随灌丛沙丘上植被的生长发育和沙丘的发展，相应有"肥岛效应"（Zhang et al.，2011；El-Wahab and Al-Rashecl，2010；Brown，2003；Shachak et al.，1998；Charley and West，1975）。例如，Li 等（2008）通过对处于不同发育阶段的艾蒿灌丛沙丘内部与外部沉积物 TOC 含量和 TN 含量的对比分析，指出植被盖度较高、发育成熟的艾蒿可为灌丛沙丘提供较多的植物残体和较高的养分，进而产生明显的"肥岛效应"；Zuo 等（2010）的研究表明，除"肥岛效应"以外，沙丘沉积中的土壤有机碳（soil organic carbon，SOC）含量和 TN 含量也与地貌位置、地形条件等有关。

目前，中国干旱半干旱区以及以色列 Negev 沙漠的灌丛沙丘沉积物的 TOC 含量、TN 含量和 C/N 值得到了较为广泛的研究。例如，通过对这些指标的解析，曹相东（2010）认为艾比湖地区水分和气温控制植被的生长发育，TOC 含量变化记录了末次冰期以来有机质主要来源（绿色高等植物）的变化，因而反映了区域的湿度和温度变化情况。在罗布泊地区，赵元杰等（2011）认为沙丘沉积物的 TOC 含量、TN 含量变化与区域温度和降水量负相关，C/N 值与温度和降水量正相关。在坝上高原的沙漠化过程中，由于强烈的风沙活动，开垦后的土壤 TOC 含量和 TN 含量仅为沙丘沉积物的 60%左右（Wang et al.，2006），而未开垦的草原下伏物质养分含量较高，揭示了这一地区风沙活动是土壤养分损失、土地退化的主要因素，而"肥岛效应"并不显著。在 Negev 沙漠，灌丛沙丘表层 0～10cm 沉积物氮含量变化揭示了土壤水分条件变化，溶解有机碳揭示温度的变化，即使温度和湿度条件不同，沙丘沉积的总有机质含量也比较稳定（Xie and Steinberger，2005；Foth，1990）。另外，虽然大气 CO_2 浓度变化对植物光合作用能力的影响存在争论（林伟宏，1998；Genthon et al.，1987），一些学者也指出，灌丛沙丘沉积物的 TOC

含量、TN 含量和 C/N 值变化是在大气 CO_2 浓度变化的控制之下，反映区域气候的冷/暖、干/湿变化（赵元杰等，2011；夏训诚等，2005；Xia et al.，2004）。因此，在坝上高原地区，灌丛沙丘沉积物的粒度、TOC 含量、TN 含量和 C/N 值等可以用来重建区域气候环境变化。

除沉积物的粒度、TOC 含量、TN 含量和 C/N 值等指标之外，地球化学元素及其组成也被大量用于气候环境变化重建（Rao et al.，2011；Yokoo et al.，2004）。前人的研究表明，由于动力分选作用等影响，元素在不同粒级中的分配规律存在差异。例如，受风力分选的影响，风成沉积，如黄土—古土壤沉积序列的 Zr 和 Rb 含量在不同粒级中变化较大，Zr 在粗粒级中富集，Rb 则在细粒级中含量较高，但其在沉积后的成壤作用中保持稳定，保留了原始粉尘的信息，因此 Zr/Rb 比被广泛作为东亚冬季风强度变化的替代指标（Chen et al.，2006；Liu et al.，2006；Chen et al.，2005；Church and Veron，2005；Liu et al.，2004；Liu et al.，2002）。在坝上高原化德地区，春季强烈的风沙活动（Wang et al.，2006）使邻近地区的地表物质得以搬运和堆积，并加速了灌丛沙丘的形成与发育。虽然灌丛沙丘沉积物主要为近源沉积，沙粒级物质含量较高，但测试结果表明，沉积物中粒径小于 63μm 的颗粒组分的平均含量达到了 25%左右。由于研究区主要受西北风系的控制，本书选择采样点西北方向的朱日和气象站的器测春季风速（3～5月），与取样灌丛沙丘沉积物的 Zr/Rb 含量比值进行比较。分析结果显示，不同时期堆积的沉积物的 Zr/Rb 含量比值与器测的风力强度变化具有良好的一致性（图 6.4），在坝上高原地区，灌丛沙丘沉积物 Zr/Rb 含量比值良好地记录了近地面风场的变化，为重建区域风沙活动演化史提供了可能。

化学风化是指地表沉积物在特定的水热组合下，经过一系列，诸如溶解、水化、水解、碳酸盐化和氧化等化学反应，使沉积物的结构和化学性质受到破坏并形成新矿物的过程（White et al.，1998；Krauskopf and Bird，1995）。化学风化是地球表层陆地、海洋、河流和湖泊相互作用中发生的一种极其重要的表生地球化学行为：一方面，它是全球各圈层物质地球化学循环与平衡、物质与能量交换过程的重要组成部分；另一方面，其风化产物的沉积记录是反演地球表面环境演化历史的重要依据（Jin et al.，2006，2001a，2001b）。由于化学风化作用受区域环境的制约，相应的风化产物的化学成分记录了古气候、古环境的变化（Wei et al.，2006；Muhs et al.，2001；Blum et al.，1998；Filippelli，1997；Lasaga et al.，1994）。

过去半个多世纪以来，坝上高原化德地区历经了多次风沙环境演变以及沙漠化正逆过程（Wang et al.，2008，2007）。但这一地区的环境演变，尤其是沙漠化正逆过程，主要受风沙活动强度还是受水分条件的制约，仍未有非常明确的表述。已有的研究证明，地球化学指标 CIA（赵景波等，2011；熊尚发等，2008；Price and

Velbel，2003；Jahn et al.，2001；Fedo et al.，1995；Chittleborough，1991；Nesbitt and Young，1982）、CPA（Fitzsimmons et al.，2012；Hofer et al.，2012；Zhang et al.，2012；Buggle et al.，2011）、Na/K（或 K_2O/Na_2O）（魏震洋等，2009）、Fe/Sr（Liang et al.，2012）、Rb/Sr（Yang et al.，2004；Chen et al.，1999）、Al_2O_3 含量（史辰羲等，2010）和 Sr/Ba（Guan et al.，2010；庞奖励等，2007）等可指示沉积物的化学风化程度，或可作为夏季风强度的代用指标，或可作为气候干湿变化的指示器。虽然部分地球化学指标受粒度变化的控制，在相当程度上存在粒度效应（Xiong et al.，2010；Ackermann et al.，1983；Ackermann，1980），通过全岩样品获得的结果虽然精度远不如分粒级后所获得的结果，但大体上能够作为区域环境变化的代用指标（李福春等，2004）。

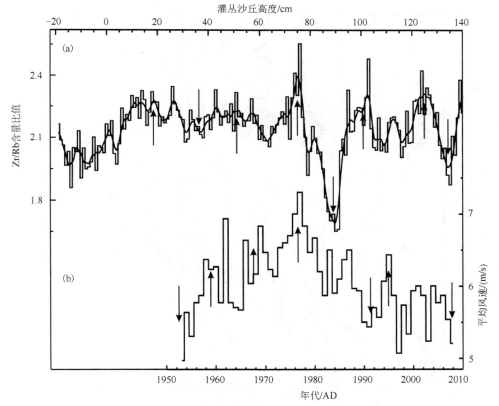

图 6.4　灌丛沙丘沉积物 Zr/Rb 含量比值与朱日和气象站 3～5 月平均风速对比

（a）灌丛沙丘沉积物的 Zr/Rb 含量比值，平滑曲线为 3 点滑动平均，向上箭头代表风力较强，向下箭头代表风力较弱；（b）朱日和气象站 3～5 月平均风速对比

　　在蒙古高原等东亚地区，沉积物的化学风化程度与气候的干湿变化、夏季风强弱等相关，尤其与区域水分条件密切相关（Clift et al.，2008；Biscaye et al.，2000；

Guo et al.，2000；Guo et al.，1996；Liu et al.，1995；Hodell et al.，1990）。堆积于不同时期的灌丛沙丘沉积物的 CIA、CPA、Al_2O_3 含量、Fe/Sr 和 K_2O/Na_2O 比值显示，在灌丛沙丘高度发育至 10～77cm、95～105cm 和 120～130cm 时段，沉积物化学风化程度较高，区域水分条件较好，有利于沙漠化逆过程的发生。自 20世纪 30 年代末期研究区进行大规模开垦以来，沉积物的 CIA、CPA、Al_2O_3 含量、Fe/Sr 和 K_2O/Na_2O 比值等显示的水分条件较好的时期，分别对应于器测数据显示的 50 年代至 80 年代（沙丘高度 10～77cm），90 年代中后期（沙丘高度 95～105cm），以及 21 世纪初（沙丘高度 120～130cm）区域降水量较高的时期，然而其与沙漠化监测结果并不一致（图 6.5）（Liu et al.，2008）。

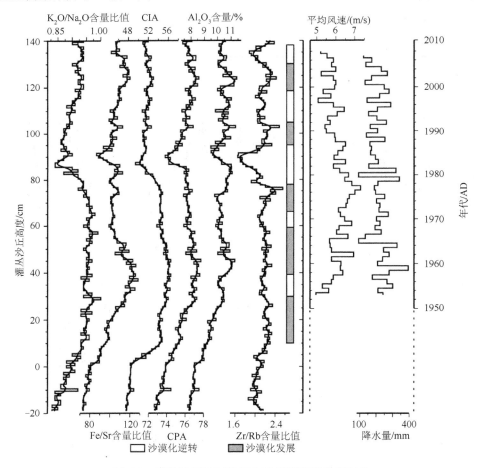

图 6.5　灌丛沙丘不同指标与朱日和器测数据对比

CIA=[$x(Al_2O_3)/x(Al_2O_3)$+$x(CaO^*)$+$x(Na_2O)$+$x(K_2O)$]×100；CPA=$x(Al_2O_3)/x(Al_2O_3)$+$x(Na_2O)$×100；化学氧化物均为摩尔分数；由于风化过程中 Ca 较 Na 更易淋失，为消除对 CIA 值的影响，当 CaO 的摩尔分数小于 Na_2O 的摩尔分数时，计算公式中 CaO^* 采用 M_{CaO}；反之，则采用 M_{Na_2O}（McLennan，1993）

6.4.2　灌丛沙丘沉积物揭示的坝上高原风沙活动和沙漠化过程

在坝上高原，取样灌丛沙丘沉积物的粒度特征、TOC 含量、TN 含量、C/N 值、地球化学元素组成和 Zr/Rb 含量比值等的变化记录了区域的环境演变过程。随灌丛沙丘的形成和发育，沙丘高度增长，自沙丘底层向上沉积物中值粒径逐渐减小。在这一地区，在灌丛沙丘开始快速发育之前，下伏沉积物 TOC 含量、TN 含量和 C/N 值均较低，物质组成偏粗，中值粒径较高。土地被开垦之后，在风沙活动的作用下，风沙物质在小叶锦鸡儿周围堆积，沉积物养分含量逐渐增高。特别是在沙丘高度发育至 45cm 以前，沉积物 TOC 含量、TN 含量和 C/N 值不断增高，中值粒径逐渐减小。此外，沉积物 Zr/Rb 含量比值显示，在沙丘高度在 10～30cm 时，区域风沙活动较为活跃（图 6.6）。

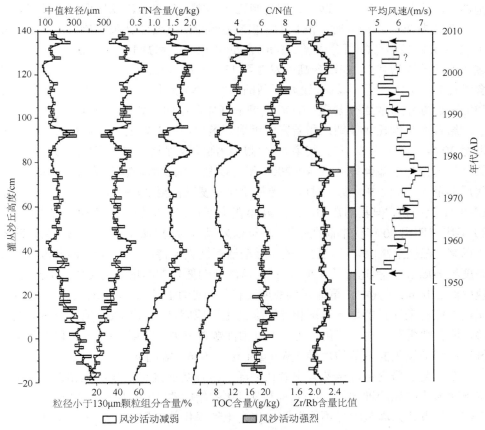

图 6.6　坝上高原化德地区灌丛沙丘沉积物不同指标

及其与朱日和 3～5 月器测平均风速数据对比

平滑曲线为 3 点滑动平均

当灌丛沙丘高度发育至 46～75cm，沉积物中值粒径较高，但粒径小于 130μm 颗粒组分的百分含量较低，同时沉积物 TOC 含量、TN 含量和 C/N 值没有明显的变化，但其含量明显降低。结合区域器测降水量以及地球化学元素分析结果（图 6.5），在这一阶段，TOC 和 TN 含量较低可能与降水量减少、植被生长不良等有关。同时，沉积物 Zr/Rb 含量比值的变化趋势表明，沙丘高度在 39～59cm 和 67～77cm 阶段时区域风沙活动最为强烈。在地表低植被盖度和强烈风沙活动的作用下，沙丘沉积物中值粒径较高（图 6.6）。

灌丛沙丘高度在 76～140cm 阶段时，沉积物 TOC 含量、TN 含量和 C/N 值急剧增加，中值粒径、粒径小于 130μm 颗粒组分的百分含量和 Zr/Rb 含量比值有显著的波动。在这一阶段，沙丘高度发育至约 90cm 之前，沉积物中值粒径和 Zr/Rb 值均较低，粒径小于 130μm 颗粒组分的百分含量、TOC 含量、TN 含量和 C/N 值则偏高，这些结果揭示了这一时期物源比较丰富，但风沙活动较弱。但随后，在沙丘高度为 95～105cm 时，沉积物中值粒径和 Zr/Rb 含量比值急剧升高，粒径小于 130μm 颗粒组分的百分含量、TOC 含量和 TN 含量急剧降低，在这一时期，区域风沙活动较为强烈。在沙丘高度发育至 130cm 左右时，沉积物中值粒径和 Zr/Rb 含量比值再次记录了区域有较为强烈的风沙活动事件，在这一时期，粒径小于 130μm 颗粒组分的百分含量、TOC 含量和 TN 含量均达到最低值（图 6.6）。

结合灌丛沙丘测年结果和研究区土地开垦史，可以确定，在无器测资料的 20 世纪 30 年代末期至 50 年代初期，区域风沙活动较强烈。与器测风速数据相对应的是，过去半个多世纪（1954～2008 年）以来，风沙活动较活跃的时期是 50 年代后期至 80 年代中后期（对应于灌丛沙丘高度发育至 39～77cm），90 年代中后期和 21 世纪初，但其间在 20 世纪 60 年代中期存在短期的风沙活动减弱事件；而 80 年代末期至 90 年代中前期是近 80 年以来风沙活动的最低谷期（图 6.6）。近 80 年以来，在坝上高原化德地区，风沙活动活跃期大约持续了 50 年，灌丛沙丘堆积高度约 80cm，沉积速率约 1.6cm/a；而风沙活动低谷期的堆积高度约 51cm，沉积速率约 2.1cm/a（其中，草地开垦前所发育的原始沙丘高度 9cm 未统计）。风沙活跃期与低谷期沙丘的堆积速率相差不大的主要原因是：随区域草地开垦时间的推移，地表性质有一定的变化，地表不可蚀性颗粒增加（哈斯，1994），以及不同年份风沙活动发生的季节的差异（Wang et al.，2006）等因素。

在以前的研究中，虽然有学者认为灌丛沙丘是在区域植被退化和人类活动影响下而形成的风沙堆积体，可作为土地退化的指标器（Tengberg，1995）。然而也有部分学者认为灌丛沙丘不能简单地作为土地退化的指标（Dougill and Thomas，2002）。在坝上高原处于农牧交错地带，草地被大量开垦，受人类活动影响较大，朱震达等（1981）认为，坝上高原地区灌丛沙丘的形成与发育在很大程度上是放牧和开垦的结果。但该地区灌丛沙丘的形成历史往往早于区域的开垦史，沙丘的起源与草原开垦和土地退化之间的关系并不密切。虽然草原开垦不是早期灌丛沙丘形成的根本原因，但强烈的风沙活动使地表发生强烈的风蚀，这一过程确实加速了灌丛沙丘的发育（Wang et al.，2006）。在风沙活动活跃期，强烈的风蚀过程从地表带走植被发育所需的营养物质和水分（Huang et al.，2004），因此加速了区域沙漠化的发展，而在风沙活动低谷期，地表保留了更多的植被生长所需的营养物质和水分，进而促进区域沙漠化逆过程的发生。此外，较好的水分条件可能会抑制沙漠化发展，但在坝上高原化德地区，尤其是在草原农垦区，沙漠化过程仍主要受风沙活动强度变化的制约。取样灌丛沙丘沉积物良好地记录了过去近 80 年以来区域风沙活动的演变情况，为揭示区域现代沙漠化的发展过程提供了依据。综合区域风沙环境演变过程、水分条件变化以及草原开垦史等，可以认为，自 20 世纪 30 年代以来，坝上高原化德地区主要经历了 30 年代末期至 50 年代初期、50 年代后期至 80 年代中后期、90 年代中后期和 21 世纪初的沙漠化迅速发展时期，以及 80 年代末期至 90 年代中前期的沙漠化逆转期。

参 考 文 献

曹相东. 2010. 末次冰期以来艾比湖周边灌草丛沙堆的古气候记录. 乌鲁木齐: 新疆师范大学.

哈斯. 1994. 坝上高原土壤不可蚀性颗粒与耕作方式对风蚀的影响. 中国沙漠, 14(4): 92-97.

李福春, 谢昌仁, 冯家毅, 等. 2004. 粒度分组: 提取古环境变化信息的一种有效方法. 地球化学, 33(5): 477-481.

林伟宏. 1998. 植物光合作用对大气 CO_2 浓度升高的反应. 生态学报, 18(5): 83-92.

刘冰, 赵文智, 杨荣. 2007. 荒漠绿洲过渡带泡泡刺灌丛沙堆形态特征及其空间异质性. 应用生态学报, 18(12): 2814-2820.

庞奖励, 黄春长, 刘安娜, 等. 2007. 黄土高原南部全新世黄土-古土壤序列若干元素分布特征及意义. 第四纪研究, 27(3): 357-364.

史辰羲, 莫多闻, 刘辉, 等. 2010. 江汉平原北部汉水以东地区新石器晚期文化兴衰与环境的关系. 第四纪研究, 30(2): 355-343.

王涛, 李孝泽, 哈斯, 等. 1991. 河北坝上高原现代土地沙漠化的初步研究. 中国沙漠, 11(2): 42-48.

魏震洋, 于津海, 王丽娟, 等. 2009. 南岭地区新元古代变质沉积岩的地球化学特征及构造意义. 地球化学, 38(1): 1-19.

文启忠, 刁桂仪, 贾蓉芬, 等. 1995. 黄土剖面中古气候变化的地球化学记录. 第四纪研究, 15(3): 223-231.

武云天, Schoenau J J, 李凤民, 等. 2004. 土壤有机质概念和分组技术研究进展. 应用生态学报, 15(4): 717-722.

夏训诚, 赵元杰, 王富葆, 等. 2005. 罗布泊地区红柳沙包年层的环境意义探讨. 科学通报, 50(19): 130-131.

熊尚发, 朱园健, 周茹, 等. 2008. 白水黄土-红粘土化学风化强度的剖面特征与粒度效应. 第四纪研究, 28(5): 812-821.

赵元杰, 李雪峰, 夏训诚, 等. 2011. 罗布泊红柳沙包沉积纹层有机质碳氮含量与气候变化. 干旱区资源与环境, 25(4): 149-154.

赵景波, 邢闪, 董红梅, 等. 2011. 西安蓝田杨家湾黄土中第一层古土壤 (S1) 元素含量与环境. 第四纪研究, 31(3):

514-521.

朱震达, 刘恕, 肖龙山. 1981. 草原地带沙漠化环境特征及其治理途径——以内蒙古乌兰察布草原为例. 中国沙漠, 1(1): 2-12.

朱志梅, 杨持, 曹明明, 等. 2007. 多伦草原土壤理化性质在沙漠化过程中的变化. 水土保持通报, 27(1): 1-5.

ACKERMANN F. 1980. A procedure for correcting the grain size effect in heavy metal analyses of estuarine and coastal sediments. Environmental Technology, 1(11): 518-527.

ACKERMANN F, BERGMANN H, SCHLEICHERT U. 1983. Monitoring of heavy metals in coastal and estuarine sediments- a question of grain-size: <20 μm versus <60 μm. Environmental Technology, 4(7): 317-328.

BISCAYE P, GUO Z, LIU S, et al. 2000. Summer monsoon variations over the last 1.2 Ma from the weathering of loess-soil sequences in China. Geophysical Research Letters, 27(12): 1751-1754.

BLUM J D, GAZIS C A, JACOBSON A D, et al. 1998. Carbonate versus silicate weathering in the Raikhot watershed within the High Himalayan Crystalline Series. Geology, 26(5): 411-414.

BOLLING J D, WALKER L R. 2002. Fertile island development around perennial shrubs across a Mojave Desert chronosequence. Western North American Naturalist, 62(1): 88-100.

BRINER J P, MICHELUTTI N, FRANCIS DONNA R, et al. 2006. A multi-proxy lacustrine record of Holocene climate change on northeastern Baffin Island, Arctic Canada. Quaternary Research, 65(3): 431-442.

BROWN G. 2003. Factors maintaining plant diversity in degraded areas of northern Kuwait. Journal of Arid Environments, 54(1): 183-194.

BUGGLE B, GLASER B, HAMBACH U, et al. 2011. An evaluation of geochemical weathering indices in loess-paleosol studies. Quaternary International, 240(1): 12-21.

CHARLEY J L, WEST N E. 1975. Plant-induced soil chemical patterns in some shrub-dominated semi-desert ecosystems of Utah. The Journal of Ecology, 63(3): 945-963.

CHEN F, HUANG X, ZHANG J, et al. 2006. Humid little ice age in arid central Asia documented by Bosten Lake, Xinjiang, China. Science in China Series D: Earth Sciences, 49(12): 1280-1290.

CHEN J, AN Z, HEAD J. 1999. Variation of Rb/Sr ratios in the loess-paleosol sequences of central China during the last 130,000 years and their implications for monsoon paleoclimatology. Quaternary Research, 51(3): 215-219.

CHEN J, AN Z, LIU L, et al. 2001. Variations in chemical compositions of the eolian dust in Chinese Loess Plateau over the past 2.5 Ma and chemical weathering in the Asian inland. Science in China Series D: Earth Sciences, 44(5): 403-413.

CHEN Y, CHEN J, LIU L, et al. 2003. Spatial and temporal changes of summer monsoon on the Loess Plateau of Central China during the last 130 ka inferred from Rb/Sr ratios. Science in China Series D: Earth Sciences, 46(10): 1022-1030.

CHEN Y, CHEN J, LIU L, et al. 2005. Use of Zr/Rb ratios in Chinese loess sequences to trace paleo-winter monsoon winds strength. Geochimica Et Cosmochimica Acta Supplement, 69(10): 261.

CHITTLEBOROUGH D J. 1991. Indices of weathering for soils and palaeosols formed on silicate rocks. Australian Journal of Earth Sciences, 38(1): 115-120.

CHRISTENSEN B T. 1992. Physical fractionation of soil and organic matter in primary particle size and density separates. Advances in Soil Sciences, 20: 1-90.

CHURCH T M, VERON A J. 2005. Stable lead isotopes as geochemical tracers in remote air of the Atlantic. Geochimica Et Cosmochimica Acta Supplement, 69(10): 257.

CLIFT P D, HODGES K V, HESLOP D, et al. 2008. Correlation of Himalayan exhumation rates and Asian monsoon intensity. Nature Geoscience, 1(12): 875-880.

DOUGILL A J, THOMAS A D. 2002. Nebkha dunes in the Molopo Basin, South Africa and Botswana: formation controls and their validity as indicators of soil degradation. Journal of Arid Environments, 50(3): 413-428.

EL-WAHAB R H A, AL-RASHED A R. 2010. Vegetation and Soil Conditions of Phytogenic Mounds in Subiya Area Northeast of Kuwait. Wahab, 5(1): 87-95.

FEDO C M, NESBITT H W, YOUNG G M. 1995. Unraveling the effects of potassium metasomatism in sedimentary rocks and paleosols, with implications for paleoweathering conditions and provenance. Geology, 23(10): 921-924.

FILIPPELLI G M. 1997. Intensification of the Asian monsoon and a chemical weathering event in the late Miocene-early Pliocene: Implications for late Neogene climate change. Geology, 25(1): 27-30.

FITZSIMMONS K E, MARKOVIC S B, HAMBACH U. 2012. Pleistocene environmental dynamics recorded in the loess of the middle and lower Danube basin. Quaternary Science Reviews, 41: 104-118.

FOTH H D. 1990. Fundamentals of Soil Science. New Jersey: John Wiley and Sons.

GENTHON C, JOUZEL J, BARNOLA J M, et al. 1987. Vostok ice core-Climatic response to CO_2 and orbital forcing changes over the last climatic cycle. Nature, 329: 414-418.

GUAN Q, PAN B, LI N, et al. 2010. A warming interval during the MIS 5a/4 transition in two high-resolution loess sections from China. Journal of Asian Earth Sciences, 38(6): 255-261.

GUO H, LIU H, WANG X, et al. 2000. Subsurface old drainage detection and paleoenvironment analysis using spaceborne radar images in Alxa Plateau. Science in China Series D: Earth Sciences, 43(4): 439-448.

GUO Z, LIU T, GUIOT J, et al. 1996. High frequency pulses of East Asian monsoon climate in the last two glaciations: Link with the North Atlantic. Climate Dynamics, 12(10): 701-709.

HEIJS S K, LAVERMAN A M, FORNEY L J, et al. 2008. Comparison of deep-sea sediment microbial communities in the Eastern Mediterranean. FEMS Microbiology Ecology, 64(3): 362-377.

HEPP D A, MORZ T, GRUTZNER J. 2006. Pliocene glacial cyclicity in a deep-sea sediment drift (Antarctic Peninsula Pacific Margin). Palaeogeography, Palaeoclimatology, Palaeoecology, 231(1): 181-198.

HODELL D A, MEAD G A, MUELLER P A. 1990. Variation in the strontium isotopic composition of seawater (8 Ma to present): Implications for chemical weathering rates and dissolved fluxes to the oceans. Chemical Geology: Isotope Geoscience section, 80(4): 291-307.

HOFER G, WAGREICH M, NEUHUBER S. 2012. Geochemistry of fine-grained sediments of the Upper Cretaceous to Paleogene Gosau Group (Austria, Slovakia): Implications for paleoenvironmental and provenance studies. Geoscience Frontiers, doi: org/10.1016/j.gsf. 2012.11.009.

HUANG C C, PANG J, ZHOU Q, et al. 2004. Holocene pedogenic change and the emergence and decline of rain-fed cereal agriculture on the Chinese Loess Plateau. Quaternary Science Reviews, 23(23): 2525-2535.

JAHN B, GALLET S, HAN J. 2001. Geochemistry of the Xining, Xifeng and Jixian sections, Loess Plateau of China: eolian dust provenance and paleosol evolution during the last 140 ka. Chemical Geology, 178(1): 71-94.

JIN Z, LI F, CAO J, et al. 2006. Geochemistry of Daihai Lake sediments, Inner Mongolia, north China: Implications for provenance, sedimentary sorting, and catchment weathering. Geomorphology, 80(3): 147-163.

JIN Z, WANG S, SHEN J, et al. 2001a. Weak chemical weathering during the Little Ice Age recorded by lake sediments. Science in China Series D: Earth Sciences, 44(7): 652-658.

JIN Z, WANG S, SHEN J, et al. 2001b. Chemical weathering since the Little Ice Age recorded in lake sediments: a high-resolution proxy of past climate. Earth Surface Processes and Landforms, 26(7): 775-782.

JOHNSON I R, THORNLEY J H M. 1985. Dynamic model of the response of a vegetative grass crop to light, temperature and nitrogen. Plant, Cell & Environment, 8(7): 485-499.

KHALAF F I, AL-AWADHI J M. 2012. Sedimentological and morphological characteristics of gypseous coastal nabkhas on Bubiyan Island, Kuwait, Arabian Gulf. Journal of Arid Environments, 82: 31-43.

KRAUSKOPF K B, BIRD D K. 1995. Introduction to Geochemistry. New York: McGraw-Hill.

LASAGA A C, SOLER J M, GANOR J, et al. 1994. Chemical weathering rate laws and global geochemical cycles. Geochimica et cosmochimica acta, 58(10): 2361-2386.

LAWLOR D W, LEMAIRE G, GASTAL F. 2001. Nitrogen, plant growth and crop yield//Lea P J, Morot-Gaudry J F. Plant Nitrogen. Heidelberg: Springer Berlin Heidelberg.

LI P, WANG N, HE W, et al. 2008. Fertile islands under Artemisia ordosica in inland dunes of northern China: Effects of habitats and plant developmental stages. Journal of Arid Environments, 72(6): 953-963.

LIANG L, SUN Y, YAO Z, et al. 2012. Evaluation of high-resolution elemental analyses of Chinese loess deposits measured by X-ray fluorescence core scanner. Catena, 92: 75-82.

LIU H, ZHOU C, CHENG W, et al. 2008. Monitoring sandy desertification of Otindag Sandy Land based on multi-date remote sensing images. Acta Ecologica Sinica, 28(2): 627-635.

LIU L, CHEN J, CHEN Y, et al. 2002. Variation of Zr/Rb ratios on the Loess Plateau of Central China during the last 130000 years and its implications for winter monsoon. Chinese Science Bulletin, 47(15): 1298-1302.

LIU L, CHEN J, JI J, et al. 2004. Comparison of paleoclimatic change from Zr/Rb ratios in Chinese loess with marine isotope records over the 2.6-1.2 Ma BP interval. Geophysical Research Letters, 31(15): 383-402.

LIU L, CHEN J, JI J, et al. 2006. Variation of Zr/Rb ratios in the Chinese loess deposits during the past 1.8 Myr and its implication for the change of East Asian monsoon intensity. Geochemistry Geophysics Geosystems, 7(10): 1280-1284.

LIU T, DING Z. 1998. Chinese loess and the paleomonsoon. Annual Review of Earth and Planetary Sciences, 26(1): 111-145.

LIU T, GUO Z, LIU J, et al. 1995. Variations of eastern Asian monsoon over the last 140, 000 years. Bulletin De La Societe Geologique De France, 166(2): 221-229.

MAYER L M, MACKO S A, CAMMEN L. 1988. Provenance, concentrations and nature of sedimentary organic nitrogen in the Gulf of Maine. Marine Chemistry, 25(3): 291-304.

MCLENNAN S M. 1993. Weathering and global denudation. Journal of Geology, 101: 295-303.

MEYERS P A. 2003. Applications of organic geochemistry to paleolimnological reconstructions: a summary of examples from the Laurentian Great Lakes. Organic Geochemistry, 34(2): 261-289.

MUHS D R, BETTIS E A, BEEN J, et al. 2001. Impact of climate and parent material on chemical weathering in loess-derived soils of the Mississippi River Valley. Soil Science Society of America Journal, 65(6): 1761-1777.

MÜLLER A, MATHESIUS U. 1999. The palaeoenvironments of coastal lagoons in the southern Baltic Sea, I. The application of sedimentary C_{org}/N ratios as source indicators of organic matter. Palaeogeography, Palaeoclimatology, Palaeoecology, 145(1): 1-16.

NELSON D W, SOMMERS L E. 1973. Determination of total nitrogen in plant material. Agronomy Journal, 65(1): 109-112.

NESBITT H W, YOUNG G M. 1982. Early Proterozoic climates and plate motions inferred from major element chemistry of lutites. Nature, 299(5885): 715-717.

PRICE J R, VELBEL M A. 2003. Chemical weathering indices applied to weathering profiles developed on heterogeneous felsic metamorphic parent rocks. Chemical Geology, 202(3): 397-416.

RAGHUKUMAR C, RAGHUKUMAR S, SHEELU G, et al. 2004. Buried in time: culturable fungi in a deep-sea sediment core from the Chagos Trench, Indian Ocean. Deep Sea Research Part I: Oceanographic Research Papers, 51(11): 1759-1768.

RAO W, TAN H, JIANG S, et al. 2011. Trace element and REE geochemistry of fine-and coarse-grained sands in the Ordos deserts and links with sediments in surrounding areas. Chemie Der Erde-Geochemistry, 71(2): 155-170.

SHACHAK M, SACHS M, MOSHE I. 1998. Ecosystem management of desertified shrublands in Israel. Ecosystems, 1(5): 475-483.

SIX J, CONANT R T, PAUL E A, et al. 2002. Stabilization mechanisms of soil organic matter: Implications for C-saturation of soils. Plant and Soil, 241(2): 155-176.

SNOWBALL I, ZILLEN L, GAILLARD M. 2002. Rapid early-Holocene environmental changes in northern Sweden based on studies of two varved lake-sediment sequences. The Holocene, 12(1): 7-16.

TENGBERG A. 1995. Nebkha dunes as indicators of wind erosion and land degradation in the Sahel zone of Burkina Faso. Journal of Arid Environments, 30(3): 265-282.

TENGBERG A, CHEN D L. 1998. A comparative analysis of nebkhas in central Tunisia and northern Burkina Faso. Geomorphology, 22(2): 181-192.

TIERNEY J E, RUSSELL J M. 2009. Distributions of branched GDGTs in a tropical lake system: implications for lacustrine application of the MBT/CBT paleoproxy. Organic Geochemistry, 40(9): 1032-1036.

TONGWAY D J, LUDWIG J A, WHITFORD W G. 1989. Mulga log mounds: Fertile patches in the semi-arid woodlands of eastern Australia. Australian Journal of Ecology, 14(3): 263-268.

TURCQ B, ALBUQUERQUE A L S, CORDEIRO R C, et al. 2002. Accumulation of organic carbon in five Brazilian lakes during the Holocene. Sedimentary Geology, 148(1): 319-342.

VIDIC N J, MONTANEZ I P. 2004. Climatically driven glacial-interglacial variations in C3 and C4 plant proportions on the Chinese Loess Plateau. Geology, 32(4): 337-340.

WANG X, EERDUN H, ZHOU Z, et al. 2007. Significance of variations in the wind energy environment over the past 50 years with respect to dune activity and desertification in arid and semiarid northern China. Geomorphology, 86(3): 252-266.

WANG X, WANG T, DONG Z, et al. 2006. Nebkha development and its significance to wind erosion and land degradation in semi-arid northern China. Journal of Arid Environments, 65(1): 129-141.

WANG X, XIAO H, LI J, et al. 2008. Nebkha development and its relationship to environmental change in the Alaxa Plateau, China. Environmental Geology, 56(2): 359-365.

WEI G, LI X, LIU Y, et al. 2006. Geochemical record of chemical weathering and monsoon climate change since the early Miocene in the South China Sea. Paleoceanography, 21(4), 271-292.

WHITE A F, BLUM A E, SCHULZ M S, et al. 1998. Chemical weathering in a tropical watershed, Luquillo Mountains, Puerto Rico: I. Long-term versus short-term weathering fluxes. Geochimica Et Cosmochimica Acta, 62(2): 209-226.

XIA X C, ZHAO Y J, WANG F B, et al. 2004. Stratification features of Tamarix cone and its possible age significance.

Chinese Science Bulletin, 49(14): 1539-1540.

XIAO J, NAKAMURA T, LU H, et al. 2002. Holocene climate changes over the desert/loess transition of north-central China. Earth and Planetary Science Letters, 197(1): 11-18.

XIE G, STEINBERGER Y. 2005. Nitrogen and carbon dynamics under the canopy of sand dune shrubs in a desert ecosystem. Arid Land Research and Management, 19(2): 147-160.

XIONG S F, DING Z L, ZHU Y J, et al. 2010. A~6 Ma Chemical weathering history, the grain size dependence of chemical weathering intensity, and its implications for provenance change of the Chinese loess-red clay deposit. Quaternary Science Reviews, 29: 1911-1922.

YANG S Y, LI C X, YANG D Y, et al. 2004. Chemical weathering of the loess deposits in the lower Changjiang Valley, China, and paleoclimatic implications. Quaternary International, 117(1): 27-34.

YOKOO Y, NAKANO T, NISHIKAWA M, et al. 2004. Mineralogical variation of Sr-Nd isotopic and elemental compositions in loess and desert sand from the central Loess Plateau in China as a provenance tracer of wet and dry deposition in the northwestern Pacific. Chemical Geology, 204(1): 45-62.

ZHANG H, LU H, JIANG S, et al. 2012, Provenance of loess deposits in the Eastern Qinling Mountains (central China) and their implications for the paleoenvironment. Quaternary Science Reviews, 43: 94-102.

ZHANG P, YANG J, ZHAO L, et al. 2011. Effect of Caragana tibetica nebkhas on sand entrapment and fertile islands in steppe-desert ecotones on the Inner Mongolia Plateau, China. Plant and Soil, 347(1): 79-90.

ZHANG Z, ZHAO M, LU H, et al. 2003. Lower temperature as the main cause of C_4 plant declines during the glacial periods on the Chinese Loess Plateau. Earth and Planetary Science Letters, 214(3): 467-481.

ZUO X, ZHAO H, ZHAO X, et al. 2010. Spatial pattern and heterogeneity of soil properties in sand dunes under grazing and restoration in Horqin Sandy Land, Northern China. Soil and Tillage Research, 99(2): 202-212.

第7章 毛乌素沙地灌丛沙丘形成发育揭示的区域风沙活动变化

7.1 毛乌素沙地灌丛沙丘剖面描述

2012年6月，在位于毛乌素沙地的盐池县和定边县分别选取一处灌丛沙丘密集分布区域进行取样，采样点均位于风沙地貌类型上的中海拔平原（图2.8）。盐池取样区域海拔为1306m，距盐池气象站约10km，距最近居民点约8km，灌丛沙丘植被盖度在90%左右，丘间地植被盖度在50%左右（彩图6）。定边取样区域海拔为1347m，距定边气象站约5km，距最近居民点约3km，与盐池所选区域直线距离16km，该区域灌丛沙丘植被盖度在50%左右，丘间地盐碱化严重，表层为盐结皮覆盖，植被覆盖在10%以下，部分区域甚至无植被覆盖（彩图6）。

盐池取样区域内测量的5个灌丛沙丘长、宽、高平均值分别为10.9m、7.3m和2.1m，定边取样区沙丘长、宽、高分别为9.6m、5.2m和1.3m。定边取样区域内灌丛沙丘形态较小，平均高度约仅为盐池取样区域内的一半，可能与定边取样区域盐碱化严重，导致沙源缺乏有关。采样月份（6月）已处于夏初，因此，盐池取样区域丘间地植被盖度较高，但考察也发现该区域在风沙活动强烈的春季丘间地植被盖度小于20%，沙源丰富，这导致了盐池取样区域灌丛沙丘形态较大。

在盐池和定边取样区域内分别选取一个形态典型的灌丛沙丘，均丘顶浑圆、坡度较缓（彩图10）。盐池取样沙丘地理坐标为107°28.4′ E和37°44.6′ N，长、宽、高分别为12.2m、6.9m和2.4m，迎风坡和背风坡长分别为6.7m和5.2m；定边取样沙丘地理坐标为107°35.1′ E和37°37.9′ N，长、宽、高分别为10.6m、7.3m和1.6m，迎风坡和背风坡长分别为5.5m和4.2m。沿灌丛沙丘顶部垂直开挖剖面直至与丘间地地表水平，两个开挖剖面均未发现年纹层，而是与阿拉善高原和坝上高原有300多年发育历史的灌丛沙丘一样，无明显岩性变化，几乎全部由风成沙组成。而艾比湖周边发育于全新世中晚期（靳建辉等，2013）及塔克拉玛干沙漠腹地发育于近700年来的灌丛沙丘剖面则岩性变化明显，可能表明毛乌素沙地两个取样灌丛沙丘发育时间较短，且发育以来其沉积过程简单，沉积环境相对稳定。

利用不锈钢小铲沿灌丛沙丘剖面顶部到底部以5cm间隔采集沉积物，盐池和定边分别获得 48 个和 32 个样品。灌丛沙丘开挖剖面均未发现保存有叶片残体，仅有少量植物残枝存在，在灌丛沙丘底部和每隔 50cm 处分别采集植物残枝作为 AMS ^{14}C 测年样品，盐池和定边分别获得 5 个和 4 个样品。在灌丛沙丘周边各采集丘间地沉积物表层（0～2cm）样品 3 个，每个样品均由邻近 8 个点的土壤样品均匀混合而成。所有样品均装入自封袋封存并编号记录，在室内自然晾干后筛分，进行粒度、有机质含量及地球化学元素分析。

7.2 毛乌素沙地灌丛沙丘丘间地及剖面粒度结果分析

7.2.1 灌丛沙丘丘间地及剖面粒度组成特征分析

1. 灌丛沙丘丘间地粒度组成特征分析

1）不同粒级含量

按照温德华粒度分级体系（表 7.1），丘间地沉积物中，砂、粉砂和黏土平均含量在盐池分别为 67.56%、30.39%和 2.06%，在定边分别为 65.32%、33.07%和 1.60%（表 7.2），两者极其相近，表明砂是两处丘间地沉积物最主要的组成部分。沉积物样品中不含砾石，对其采用无砾 Folk 等三角形分类命名（图 7.1）（赵东波，2009），结果丘间地沉积物样品均被命名为粉砂质砂。进一步划分，丘间地沉积物中，盐池以极细砂含量最高，平均为 45.72%，极粗粉砂和细砂次之，分别平均为 19.78%和 17.46%，其他粒级均不足 4%；定边以细砂和极细砂含量最高，分别平均为 26.05%和 23.88%，极粗粉砂和中砂次之，分别平均为 16.46%和 14.00%，其他粒级平均含量均不足 9%，表明丘间地沉积物中最主要的组成部分在盐池是极细砂，在定边是细砂和极细砂。与盐池丘间地相比，定边丘间地沉积物中，中砂、细砂和粗粉砂含量明显偏高，极细砂含量明显偏低，其他粒级含量相近（表 7.2）。

表 7.1 温德华粒度分级体系

粒级名称		粒径 d/mm	Φ 值（$-\log_2 d$）	粒级名称		粒径 d/mm	Φ 值（$-\log_2 d$）
					极粗粉砂	0.063（2^{-4}）	+4
砂	极粗砂	2（2^1）	−1		粗粉砂	0.0315（2^{-5}）	+5
	粗砂	1（2^0）	0	粉砂	中粉砂	0.0157（2^{-6}）	+6
	中砂	0.5（2^{-1}）	+1		细粉砂	0.0078（2^{-7}）	+7
	细砂	0.25（2^{-2}）	+2		极细粉砂	0.0039（2^{-8}）	+8
	极细砂	0.125（2^{-3}）	+3	黏土		0.0020（2^{-9}）	+9
						0.0010（2^{-10}）	+10

任明达和王乃梁，1981。

表 7.2　丘间地沉积物各粒级含量　　　　　　　　（单位：%）

粒级		盐池				定边			
		样品 1	样品 2	样品 3	平均值	样品 1	样品 2	样品 3	平均值
砂	极粗砂	0	0.06	0.17	0.07	0	0	0	0
	粗砂	0.93	3.23	2.14	2.10	0	2.50	1.68	1.39
	中砂	1.74	4.32	0.58	2.21	8.20	16.28	17.53	14.00
	细砂	18.87	15.38	18.13	17.46	26.79	24.28	27.07	26.05
	极细砂	45.66	38.63	52.86	45.72	22.64	25.85	23.16	23.88
	合计	67.20	61.62	73.88	67.56	57.63	68.91	69.44	65.32
粉砂	极粗粉砂	21.04	21.48	16.81	19.78	15.53	18.21	15.65	16.46
	粗粉砂	2.43	4.73	0.74	2.63	14.20	5.49	6.41	8.70
	中粉砂	3.77	4.38	3.78	3.98	8.12	2.54	3.60	4.75
	细粉砂	2.40	3.12	2.01	2.51	2.25	1.91	2.22	2.13
	极细粉砂	1.29	2.00	1.17	1.49	0.88	1.12	1.10	1.03
	合计	30.93	35.71	24.51	30.39	40.98	29.27	28.98	33.07
黏土		1.87	2.68	1.63	2.06	1.40	1.82	1.58	1.60

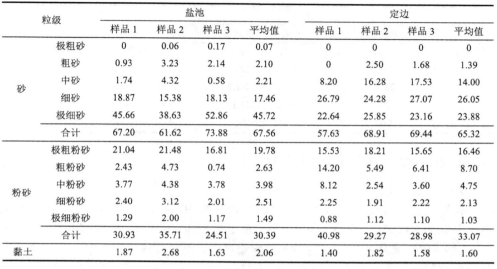
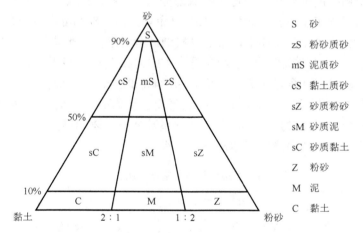

图 7.1　无砾沉积物 Folk 等三角形分类图

2）不同运移组分含量

如图 4.3 所示，对研究区风成沉积物可能运移模式进行大致划分。丘间地沉积物中，跃移组分、短时悬移组分、变性跃移组分、长期悬移组分和蠕移组分平均含量在盐池分别为 34.12%、28.56%、24.22%、10.93%和 2.17%，在定边分别为48.69%、26.39%、11.71%、11.81%和 1.39%，两地极其相近，表明跃移组分是两处丘间地沉积物中最主要的组成部分，特别是在定边。与盐池丘间地相比，定边丘间地沉积物中，跃移组分含量明显偏高，变性跃移组分含量明显偏低，其他组分含量相近（表 7.3）。

表7.3　丘间地沉积物各运移组分含量　　　　（单位：%）

组分	盐池				定边			
	样品1	样品2	样品3	平均值	样品1	样品2	样品3	平均值
长期悬移组分	10.11	13.47	9.21	10.93	16.97	8.44	10.02	11.81
短时悬移组分	29.82	31.26	24.59	28.56	28.35	26.82	24.01	26.39
变性跃移组分	24.08	20.48	28.11	24.22	10.74	13.04	11.36	11.71
跃移组分	35.06	31.50	35.78	34.12	43.94	49.19	52.94	48.69
蠕移组分	0.93	3.28	2.31	2.17	0	2.50	1.68	1.39

2. 灌丛沙丘剖面粒度组成特征分析

1）不同粒级含量

按照温德华粒度分级体系，灌丛沙丘沉积物中，砂、粉砂和黏土平均含量在盐池分别为84.01%、15.42%和0.49%，在定边砂和粉砂平均含量与盐池极其相近（表7.4）。砂在灌丛沙丘沉积物中不仅含量最高，而且变异系数最小，表明砂是灌丛沙丘沉积物中最主要和最稳定的组成部分。基于无砾Folk等三角形图（图7.1），灌丛沙丘沉积物在盐池和定边均有15%可命名为砂，85%可命名为粉砂质砂。进一步划分，灌丛沙丘沉积物中，盐池以极细砂含量最高，平均为58.84%，细砂次之，平均为25.01%，极粗粉砂平均含量为12.26%，其他粒级平均含量均不足2%；定边以极细砂和细砂含量最高，平均为38.34%和37.63%，极粗粉砂和中砂次之，分别平均为12.27%和7.67%，其他粒级平均含量均不足2%。极细砂和细砂在灌丛沙丘沉积物中不仅含量最高，而且变异系数最小，表明砂组分中的极细砂和细砂是灌丛沙丘沉积物中最主要和最稳定的组成部分。

表7.4　灌丛沙丘沉积物各粒级含量　　　　（单位：%）

粒级		盐池					定边				
		最小值	最大值	平均值	标准偏差	变异系数	最小值	最大值	平均值	标准偏差	变异系数
砂	极粗砂	0	2.14	0.04	0.31	692.82	0	1.40	0.04	0.25	565.69
	粗砂	0	3.78	0.08	0.55	692.82	0	2.90	0.09	0.51	565.69
	中砂	0	1.31	0.13	0.29	233.67	3.26	14.79	7.67	2.77	36.13
	细砂	10.25	35.21	25.01	5.54	22.13	27.46	47.84	37.63	4.97	13.21
	极细砂	49.01	66.29	58.84	3.60	6.12	30.94	45.42	38.34	3.30	8.60
	合计	59.41	91.67	84.10	6.30	7.49	71.44	93.99	83.78	5.99	7.15
粉砂	极粗粉砂	6.79	30.94	12.26	4.65	37.93	4.44	21.03	12.27	4.09	33.36
	粗粉砂	0	3.25	0.31	0.59	191.80	0.35	4.42	1.49	1.00	67.14
	中粉砂	0	4.76	1.75	0.76	43.56	0.62	2.60	1.68	0.45	38.91

粒级		盐池					定边				
		最小值	最大值	平均值	标准偏差	变异系数	最小值	最大值	平均值	标准偏差	变异系数
粉砂	细粉砂	0	2.40	0.65	0.50	76.86	0.08	1.22	0.64	0.31	47.98
	极细粉砂	0	1.19	0.45	0.30	67.44	0	0.63	0.35	0.17	48.01
	合计	8.39	39.06	15.42	5.94	38.51	6.01	27.69	15.91	5.65	35.52
黏土		0	2.03	0.49	0.54	111.69	0	1.01	0.31	0.40	128.38

　　盐池和定边两个灌丛沙丘沉积物中，砂、粉砂和黏土含量极其相近（表7.4），但与相应的丘间地相比（表 7.5），砂含量均明显偏高，粉砂和黏土含量均明显偏低，表明受风力分选作用影响，两个灌丛沙丘沉积物粒度组成的相似程度要高于相应的丘间地。进一步划分，与盐池灌丛沙丘相比（表 7.4），定边灌丛沙丘沉积物中，中砂和细砂含量明显偏高，极细砂含量明显偏低，其他粒级含量相近，可能因定边风力更为强劲所致。与丘间地相比（表 7.5），灌丛沙丘沉积物中，均是细砂和极细砂含量明显偏高，其他粒级含量均偏低，表明在区域风力条件下，丘间地沉积物中的细砂和极细砂因搬运高度较低，最易被灌丛阻挡而堆积，极细砂以下的颗粒物（<63μm）则易被扬高送远，细砂以上的颗粒物（>250μm）则较难被搬运。

表 7.5　灌丛沙丘沉积物各粒级含量相对于丘间地的变化　　　　（单位：%）

粒级		盐池	定边		粒级	盐池	定边
砂	极粗砂	−50.00	—		极粗粉砂	−38.02	−25.46
	粗砂	−96.19	−93.53	粉砂	粗粉砂	−88.21	−82.87
	中砂	−94.12	−45.21		中粉砂	−56.03	−64.63
	细砂	43.24	44.45		细粉砂	−74.10	−69.95
	极细砂	28.70	60.55		极细粉砂	−69.80	−66.02
	合计	24.48	28.26		合计	−49.26	−51.89
				黏土		−76.21	−80.63

　　2）不同运移组分含量

　　按照运移模式不同，灌丛沙丘沉积物中，跃移组分、变性跃移组分、短时悬移组分、长期悬移组分和蠕移组分平均含量在盐池分别为46.31%、30.49%、19.56%、3.53%和0.12%，在定边分别为60.46%、18.61%、18.00%、2.80%和0.13%（表7.6）。跃移组分在灌丛沙丘沉积物中不仅含量最高，而且变异系数很小（表7.6），表明跃移组分是灌丛沙丘沉积物中最主要和最稳定的组成部分，特别是在定边。

表 7.6　　灌丛沙丘沉积物各运移组分含量　　　　　　　（单位：%）

组分	盐池					定边				
	最小值	最大值	平均值	标准偏差	变异系数	最小值	最大值	平均值	标准偏差	变异系数
长期悬移组分	0	10.76	3.53	1.95	55.19	1.05	5.79	2.80	1.26	45.47
短时悬移组分	13.21	42.64	19.56	5.74	29.36	7.59	29.60	18.00	5.57	30.93
变性跃移组分	26.57	35.08	30.49	2.11	6.92	14.28	22.46	18.61	1.95	10.50
跃移组分	23.84	57.76	46.31	7.02	15.16	45.85	77.02	60.46	7.54	12.47
蠕移组分	0	5.92	0.12	0.85	692.82	0	4.30	0.13	0.76	565.69

　　与盐池灌丛沙丘相比，定边灌丛沙丘沉积物中，跃移组分含量明显偏高，变性跃移组分含量明显偏低，其他组分含量相近（表 7.6），可能由定边风力更为强劲所致。与丘间地相比，灌丛沙丘沉积物中，均是跃移和变性跃移组分含量明显偏高，其他组分含量均偏低（表 7.7），表明在区域风力条件下，丘间地沉积物中可做跃移和变性跃移运动的组分因搬运高度较低，最易被灌丛阻挡而堆积，可做短时和长期悬移的组分则易被扬高送远，可做蠕移运动的组分则较难被搬运。

表 7.7　　灌丛沙丘沉积物各运移组分含量相对于丘间地的变化　　（单位：%）

运移组分	盐池	定边	运移组分	盐池	定边
长期悬移	-61.67	-76.29	跃移	29.43	24.17
短时悬移	-20.46	-31.79	蠕移	-94.81	-90.65
变性跃移	8.47	58.92			

7.2.2　灌丛沙剖面粒度频率分布和敏感组分提取

1. 灌丛沙丘剖面粒度频率分布

　　粒度频率曲线表明，同一灌丛沙丘剖面不同位置及整个剖面平均粒度频率曲线分布相似（图 7.2），呈明显主次之分的双峰分布，分布区间大体一致，粒度分布相对集中，与在艾比湖周边的发现一致（靳建辉等，2013），反映了灌丛沙丘发育以来其沉积过程简单，沉积环境相对稳定（胡凡根等，2013）。

　　粒度双峰分布普遍存在于现代尘暴降尘（王赞红，2003；Mctainsh and Wickling，1997）和中国黄土（孙东怀，2000），被认为是地方性和远源粉尘混合的结果（Pye，1987）。次峰的存在还可能有两个原因，一是以集合体搬运的黏粒级颗粒在分析过程中被分散出来（王赞红，2003），二是颗粒物沉积后由成壤作用及物理、化学和生物风化作用导致，但灌丛沙丘沉积物次峰峰值粒径均为 13μm，属于中粉砂范围，明显大于黏粒（<5μm）组分范围，此外，黏土、极细粉砂、细粉砂等细颗粒物含量也比丘间地明显偏低（表 7.5），且植被发育差异较大的两个

灌丛沙丘次组分粒度范围完全一致，均为 0~20μm，属于长期悬移组分范围，表明次峰的存在并不是由上述两个原因造成的。灌丛沙丘沉积物粒度频率主峰峰值粒径在盐池和定边分别为 112μm 和 142μm，均属于跃移组分范围。因此，粒度频率曲线的双峰分布应是远源（粒径<20μm）和相应丘间地颗粒物（粒径>20μm）混合沉积的结果，但基于次组分粒度范围包含的颗粒物含量计算，两个灌丛沙丘沉积物远源颗粒物含量均极少，应小于 3%。

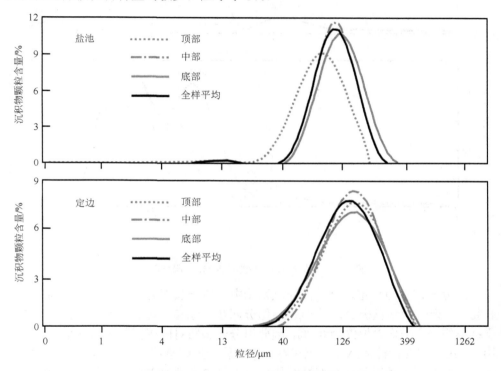

图 7.2　灌丛沙丘剖面不同位置沉积物粒度频率曲线

2. 灌丛沙丘剖面粒度敏感组分提取

基于粒级-标准偏差法提取灌丛沙丘沉积物粒度敏感组分，其基本思路是计算每一粒级在沉积物中的标准偏差值，其值越大，则数据变化程度越大，表示对环境变化越敏感（徐树建等，2006；Sun et al.，2002）。两个灌丛沙丘沉积物粒级-标准偏差曲线均呈现趋势相似的四峰分布（图 7.3）。因此，沉积物粒度组分可分为 4 组，盐池分别为组分一（<22.44μm）、组分二（22.44~79.62μm）、组分三（79.62~447.74μm）和组分四（>447.74μm）；定边分别为组分一（<15.89μm）、组分二（15.89~100.24μm）、组分三（100.24~796.21μm）和组分四（>796.21μm）。

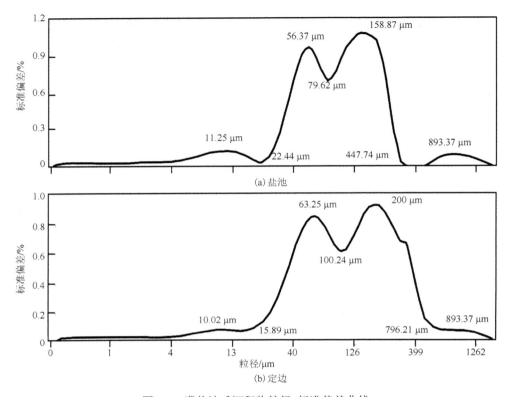

图 7.3　灌丛沙丘沉积物粒级-标准偏差曲线

　　组分一在盐池和定边灌丛沙丘沉积物中均属于长期悬移组分，主要为远源沉积粉尘，但平均含量极少，不足 3%。组分四在盐池和定边灌丛沙丘沉积物中均属于蠕移组分，平均含量仅为 0.1%，因此组分一和四对区域沉积环境的指示意义不明确。组分二在盐池灌丛沙丘沉积物中主要属于短时悬移组分，平均含量为 29%，在定边主要属于短时悬移和变性跃移组分，平均含量为 37%。组分三在盐池灌丛沙丘沉积物中属于变性跃移和跃移组分，平均含量为 68%，在定边主要属于跃移组分，部分为蠕移组分，平均含量为 61%。灌丛沙丘沉积物组分二和组分三含量的相关系数在盐池和定边分别为-0.993 和-0.967，均通过 0.01 显著性水平检验，因此组分二含量变化可能由组分三变化所致。此外，对于近源风力搬运而言，较粗组分应该能更好地反映沉积环境变化（胡凡根等，2013）。因此，灌丛沙丘沉积物敏感粒度组分均应为组分三，即灌丛沙丘沉积物中对沉积环境变化最敏感的颗粒物粒径范围在盐池为 79.62～447.74μm，在定边为 100.24～796.21μm。敏感组分含量最小值、最大值和平均值在盐池分别为 41%、78% 和 68%，在定边分别为 46%、77% 和 61%，标准偏差和变异系数在盐池分别为 7% 和 11%，在定边分别为 8% 和 13%，均极其相近，且变异系数均较小，也反映了灌丛沙丘发育以来其沉积过程简单，沉积环境相对稳定。

7.2.3 灌丛沙丘丘间地及剖面粒度参数特征分析

1. 灌丛沙丘丘间地粒度参数特征分析

沉积物粒度参数常被用来揭示沉积环境变化过程，常用参数包括平均粒径、中值粒径、标准偏差、偏态和峰态等，均可由测试仪器软件计算获得。平均粒径表示沉积物颗粒的粗细；中值粒径是粒度累积频率曲线上含量为 50%时所对应的粒度值，指示粒度组成的平均状况；标准偏差表示沉积物的分选程度；偏态表示沉积物粗细分布的对称程度；峰态是衡量频率曲线尖峰凸起程度的参数。标准偏差、偏态和峰态分级标准如表 7.8 所示。

表 7.8 沉积物粒度参数分级标准

标准偏差分级		偏态分级		峰态分级	
标准偏差σ	级别	偏态	级别	峰态	级别
<0.35	分选很好	−1.00～−0.30	极负偏	<0.67	很宽平
0.35～0.50	分选好	−0.30～−0.10	负偏	0.67～0.90	宽平
0.50～1.00	分选中等	−0.10～0.10	近对称	0.90～1.11	中等
1.00～2.00	分选差	0.10～0.30	正偏	1.11～1.56	尖窄
2.00～4.00	分选很差	0.30～1.00	极正偏	1.56～3.00	很尖窄
>4.00	分选极差			>3.00	极尖窄

任明达等，1981。

丘间地沉积物平均粒径和中值粒径均值在盐池分别为 116.55μm 和 92.31μm（表 7.9），均属于极细砂范围或分别属于跃移组分和变性跃移组分范围，在定边分别为 151.09μm 和 113.12μm，分别属于细砂和极细砂范围或跃移组分范围；丘间地沉积物均分选差，偏态为近对称或负偏，峰态为中等。与盐池丘间地相比，定边丘间地沉积物平均粒径和中值粒径偏大，分选更差。

表 7.9 丘间地沉积物粒度参数

参数	盐池				定边			
	样品 1	样品 2	样品 3	平均值	样品 1	样品 2	样品 3	平均值
平均粒径/μm	107.67	123.91	118.07	116.55	118.93	166.77	167.58	151.09
中值粒径/μm	92.23	87.09	97.60	92.31	93.72	117.62	128.03	113.12
分选系数	1.24	1.25	1.20	1.23	1.41	1.40	1.42	1.41
偏态	−0.10	−0.03	−0.05	−0.06	−0.28	−0.16	−0.25	−0.23
峰态	1.09	1.15	1.00	1.08	0.85	1.18	1.12	1.05

粒度参数可以表征沙粒成因及沉积环境（隆浩等，2007；赵澄林，2001）。萨胡根据大量碎屑沉积物粒度分析资料统计（何清等，2009），计算出不同沉积环境下沉积物平均粒径（M_z）、标准偏差（σ）、偏度（SK_1）和峰态（KG）的差异，并应用线性多元类别分析法，建立了用于区别沙丘、海滩、浅海、河流和浊流这5 种常见沉积环境的经验判别公式。该判别公式因具有一定的普遍意义而被广泛应用。由于我们的样品取自现代沙漠环境，所以首先检验其风成可能性，判别式如下：

$$Y(风和海滩环境) = -3.5688M_z + 3.7016\sigma^2 - 2.0766SK_1 + 3.1135KG$$

若 $Y<-2.7411$，则为风成沉积环境；$Y>-2.7411$，则为海滩沉积环境。将表7.9的数据带入上式，计算得盐池3 个样品的 Y 值分别为-1.29、-1.15 和-0.47，平均为-0.97，定边分别为-2.66、0.08 和 0.31，均大于-2.7411，平均为-0.76，全部为海滩沉积环境。继续将数据带入判别海滩和浅海环境的公式：

$$Y(海滩和浅海环境) = 15.6534M_z + 65.7091\sigma^2 + 18.1071SK_1 + 18.5043KG$$

若 $Y<65.3650$，则为海滩环境；若 $Y>65.3650$，则为浅海环境。计算得盐池3 个样品的 Y 值分别为173.40、186.06 和 171.36，平均为 176.89，定边分别为 199.34、195.64 和 197.17，均大于 65.3650，平均为 197.38，全部为浅海沉积环境。继续将数据带入判别浅海环境与河流冲积（洪积）环境的公式：

$$Y(浅海与河流) = 0.2825M_z - 8.7604\sigma^2 + 4.8932SK_1 - 0.0482KG$$

若 $Y<-7.4190$，则为河流冲积（洪积）环境；$Y>-7.4190$，则为浅海环境。计算得盐池3 个样品的 Y 值分别为-12.65、-13.17 和-12.14，平均为-12.65，定边分别为-17.79、-17.02 和-18.03，均小于-7.4190，平均为-17.61，全部为河流冲积（洪积）环境。毛乌素沙地的沙物质在不同地貌区有不同起源，归纳以来，其沙物质主要来源于裸露基岩、晚第四纪河湖相类风积相沙、早第四纪河湖相沉积和沙质黄土残积沙（王涛，2003），基于判别式结果，取样区域现代沙物质主要源于河流冲积（洪积）环境，也表明该区域的灌丛沙丘可能发育于干河床之上。

2. 灌丛沙丘剖面粒度参数特征分析

灌丛沙丘沉积物平均粒径和中值粒径均值在盐池分别为115.02μm 和108.51μm（表7.10），均属于极细砂或跃移组分范围，在定边分别为149.15μm 和132.46μm，均属于细砂或跃移组分范围；灌丛沙丘沉积物均分选差，也反映了主要为近源沉积，偏态在极负偏到正偏之间变化，平均为近对称，峰态在中等到很尖窄之间变化，平均为尖窄或中等。与盐池灌丛沙丘相比，定边灌丛沙丘沉积物平均粒径和中值粒径偏大，分选更差，可能与定边风力更为强劲有关。与丘间地相比（表7.9 和表7.10），灌丛沙丘沉积物均是平均粒径相近，中值粒径偏大，分选性偏好。

表 7.10 灌丛沙丘沉积物粒度参数

参数	盐池					定边				
	最小值	最大值	平均值	标准偏差	变异系数	最小值	最大值	平均值	标准偏差	变异系数
平均粒径/μm	84.37	168.45	115.02	12.39	10.77	124.01	216.28	149.15	18.47	12.38
中值粒径/μm	80.16	122.30	108.51	8.40	7.74	104.71	167.36	132.46	15.43	11.64
分选系数	1.11	1.16	1.13	0.01	0.84	1.18	1.27	1.22	0.02	1.73
偏态	−0.35	0.26	−0.08	0.11	−147.38	−0.21	0.11	−0.08	0.07	−85.14
峰态	0.93	2.05	1.15	0.32	28.16	0.97	1.49	1.07	0.12	11.47

注：变异系数单位为%。

各粒级含量、各运移组分含量、平均粒径、中值粒径和粒度频率分布均表明，与盐池灌丛沙丘相比，定边灌丛沙丘沉积物含有更多粗颗粒物，主要是含有更多可做跃移运动的中砂和细砂。李占宏等（2009）分析表明，毛乌素沙地草地、林地、半固定沙丘和移动沙丘表土平均粒径均值分别为 95μm、109μm、145μm 和 158μm，所有表土平均粒径均值为 129μm。灌丛沙丘和丘间地沉积物平均粒径在盐池与林地表土相近，比所有表土均值偏小；在定边与半固定沙丘相近，比所有表土均值偏大，可能与定边风力更为强劲有关。综合已有研究，中国北方灌丛沙丘沉积物中值粒径虽然区域差异明显（表 7.11），但几乎均属于跃移组分范围，且空间上呈现与年均风速几乎一致的趋势，表明不同区域灌丛沙丘沉积物的物源母质、粒度组成虽然不同，但受风力分选作用影响，均以跃移组分含量最高，且风力越大，中值粒径越大，粗颗粒物含量也越高。

表 7.11 中国北方不同区域灌丛沙丘沉积物中值粒径

区域	中值粒径/μm	年均风速/(m/s)	来源
塔克拉玛干沙漠腹地	99	2.1	本书
宁夏盐池县	109	2.4	本书
内蒙古额济纳旗	105	2.9	Wang et al.，2010
陕西省定边县	132	3.0	本书
罗布泊地区	151	—	赵元杰等，2009
坝上高原	182	3.2	本书

注：因塔中仅有 1999 年以来的气象数据，因此年均风速时间范围均为 1999～2012 年。

各粒级含量、各运移组分含量、平均粒径及中值粒径均表明，与丘间地沉积物相比，灌丛沙丘沉积物均含有更多粗颗粒物，主要是含有更多可做跃移运动的细砂和极细砂。灌丛沙丘和丘间地沉积物中值粒径在化德分别为 182μm 和 213μm，在乌海分别为 165μm 和 181μm（张萍等，2008），在巴丹吉林沙漠分别为 153μm

和 377μm（钱广强等，2011），均表明丘间地沉积物含有更多粗颗粒物，与本书结论相反。但与丘间地相比，上述区域灌丛沙丘沉积物中，可做跃移运动的细砂和极细砂含量均偏高，其他组分含量均偏低，如细砂和极细砂平均含量在巴丹吉林沙漠灌丛沙丘沉积物中分别为 66%和 25%，在丘间地沉积物中分别为 19%和 6%（钱广强等，2011）。不仅如此，巴丹吉林沙漠中其他类型沙丘，比如，横向沙丘、金字塔沙丘及新月形沙丘和沙丘链等细砂和极细砂含量也均比丘间地偏高。上述分析表明，与丘间地相比，灌丛沙丘，甚至其他类型沙丘沉积物粗颗粒物含量可能偏高，也可能偏低，这主要与各个区域的风能环境和丘间地沉积物粒度组成有关，但可做跃移运动的细砂和极细砂含量必定偏高。

萨拉乌苏河流域米浪沟湾剖面是一个极为典型的晚第四纪地层剖面，含有 150ka BP 以来连续完整的多层古流动沙丘、古固定-半固定沙丘、河湖相、湖沼相和古土壤堆积（张宇红等，2001），其平均粒径分别为 132μm、107μm、96μm、63μm 和 71μm。灌丛沙丘和丘间地沉积物平均粒径在盐池均介于古流动沙丘沙和古固定-半固定沙丘沙之间，在定边均大于古流动沙丘沙，也可能与定边风力更为强劲有关。

7.3　毛乌素沙地灌丛沙丘丘间地及剖面有机质含量分析

土壤有机质泛指土壤中来源于生命的物质，是土壤中原有和外来所有动植物残体的各种分解产物和新形成的产物总称，其与土壤物理、化学、生物等属性直接或间接相关，不仅能改善土壤结构、保持土壤水分，还与土壤的通气性、渗透性、吸附性和缓冲性等密切相关。一般情况下，土壤有机质含量越高，土壤肥力就越高（Bolling and Walker，2002；Six et al.，2002）。目前，很多区域均观测到了灌丛沙丘的"沃岛效应"，认为灌丛沙丘沉积物有机质含量高于丘间地，但有机质主要来自丘间地还是灌丛沙丘本身的植被反馈，灌丛沙丘形成后其周围丘间地有机质是否会降低仍存在争议。

分析表明，丘间地沉积物 3 个样品有机质含量在盐池分别为 3.45%、2.22%和 2.50%，平均为 2.72%，在定边分别为 1.67%、1.90%和 1.45%，平均为 1.67%。与盐池丘间地相比，定边丘间地沉积物中有机质含量偏低。

盐池灌丛沙丘沉积物有机质含量的最小值、最大值和平均值分别为 0.69%、2.80%和 1.69%，标准偏差和变异系数分别为 0.42%和 24.76%；定边灌丛沙丘沉积物有机质含量的最小值、最大值和平均值分别为 0.38%、2.79%和 1.41%，标准偏差和变异系数分别为 0.45%和 31.49%。与盐池灌丛沙丘相比，定边灌丛沙丘植被盖度和沉积物有机质含量均偏低。但与丘间地相比，灌丛沙丘植被盖度均偏高，其沉积物有机质含量却均偏低，并未出现与其他区域类似的沃岛效应。在盐池丘间地、灌丛沙丘与定边丘间地、灌丛沙丘沉积物中，有机质含量呈递减趋势，但中值粒径呈递增趋势；化德灌丛沙丘沉积物中，有机质含量（1.70%）虽比丘间地（0.58%）偏高，但中值粒径却偏低，这可能表明研究区不同沉积物间有机质含量的差异主要与粒度组成有关，即有机质主要在细颗粒物中富集，因此细颗粒物含量越多的沉积物，其有机质含量越高。相关性分析也表明，灌丛沙丘沉积物中，有机质含量与中值粒径相关系数在盐池为-0.371，在定边为-0.661，均通过 0.01 显著性水平检验，图 7.4 也显示，随中值粒径增大，灌丛沙丘沉积物有机质含量均呈减少趋势。

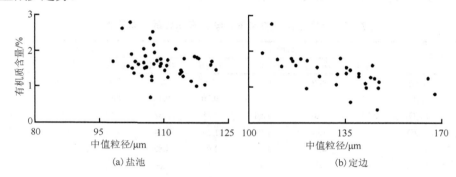

图 7.4　灌丛沙丘沉积物有机质含量随中值粒径的变化

上述分析也表明，灌丛沙丘沉积物中的有机质应主要随丘间地颗粒物一同被搬运而来，即主要来自丘间地。因此，至少在研究区，灌丛沙丘形成后，其周围丘间地有机质含量必然会降低，灌丛沙丘的出现和土地退化过程有着很好的相关性，可作为土地退化的指示（Rango et al., 2000；Tengberg, 1995）。灌丛沙丘植被盖度较高，因此其沉积物中的有机质除主要来自丘间地外，也不可避免地有一小部分会来自灌丛沙丘植被的自身反馈作用，这可能是导致灌丛沙丘沉积物有机质含量变异系数较大的原因。此外，灌丛种类、高度、冠幅、形态、灌丛间有无其他低矮植物和气候变化可能都会对灌丛沙丘沉积物有机质含量有一定影响。

7.4　毛乌素沙地灌丛沙丘丘间地及剖面地球化学元素组成分析

7.4.1　灌丛沙丘丘间地地球化学元素组成分析

地球化学元素在表生地球化学环境下，受气候条件和地形地貌条件等因素影响常常会发生不同程度的淋溶、迁移与聚集，进而导致元素含量在不同沉积物间产生差异。沉积物中赋存的常量地球化学元素在表生地球化学环境条件下通常以氧化物形成存在。盐池丘间地沉积物中，常量化学元素总含量平均值为94.13%（表 7.12），其中，平均含量以 SiO_2 最高，为72.33%；其次为 Al_2O_3，为

9.30%；其他元素均不足 4%；TiO_2 最低，仅为 0.27%；微量化学元素总含量平均值为 2148μg/g，其中，平均含量以 Ba、P 和 Mn 最高，分别为 508.94μg/g、386.12μg/g 和 342.79μg/g，Zr、Sr 和 Co 次之，分别为 224.68μg/g、195.35μg/g 和 118.88μg/g，其他元素均不足 74μg/g。定边丘间地沉积物中，常量和微量化学元素总含量平均值分别为 94% 和 2039μg/g，各元素平均含量也与盐池极其相似，相关系数高达 0.999，通过显著性检验水平。相对而言，与盐池丘间地相比，定边丘间地沉积物中大部分元素（约 85%）含量偏低（图 7.5），其中，Fe_2O_3、TiO_2、Zr 等 35% 的元素含量均偏低 10% 以上。

表 7.12　丘间地沉积物常量化学元素和微量化学元素含量

元素		盐池				定边			
		样品 1	样品 2	样品 3	平均值	样品 1	样品 2	样品 3	平均值
常量化学元素含量/%	SiO_2	72.72	69.99	74.27	72.33	72.34	74.47	73.35	73.39
	Al_2O_3	9.25	9.45	9.19	9.30	9.18	8.43	8.31	8.64
	Fe_2O_3	2.77	3.02	2.54	2.78	2.58	2.36	2.28	2.41
	MgO	1.24	1.46	1.03	1.24	1.34	1.16	1.25	1.25
	CaO	3.87	4.46	3.44	3.92	3.83	3.72	3.60	3.72
	Na_2O	2.34	1.86	2.33	2.18	2.69	2.30	2.61	2.53
	K_2O	2.11	2.09	2.13	2.11	2.13	2.01	2.00	2.05
	TiO_2	0.27	0.29	0.24	0.27	0.23	0.25	0.23	0.24
	总含量	94.57	92.62	95.17	94.13	94.32	94.70	93.63	94.23
微量化学元素含量/(μg/g)	Ba	514.44	502.37	508.94	508.58	496.32	492.24	508.96	499.17
	P	331.32	457.03	370.00	386.12	376.38	394.03	377.44	382.62
	Mn	305.77	383.71	338.90	342.79	308.13	318.31	339.28	321.91
	Zr	181.05	260.60	232.40	224.68	202.92	215.04	168.21	195.39
	Sr	190.56	200.93	194.57	195.35	180.74	179.90	180.71	180.45
	Co	120.76	94.41	141.47	118.88	109.54	136.72	119.45	121.90
	Rb	73.95	73.54	74.58	74.02	69.59	70.49	75.51	71.86
	Ce	64.24	65.57	68.00	65.94	65.78	67.64	60.68	64.70
	V	46.29	57.70	54.24	52.74	44.29	42.70	45.47	44.15
	Cr	49.59	58.43	52.23	53.42	43.53	44.85	43.53	43.97
	Ni	29.94	28.80	31.97	30.24	25.95	28.47	28.46	27.63
	Nd	16.66	21.44	20.16	19.42	14.16	19.88	19.78	17.94
	Y	15.39	19.20	17.28	17.29	16.38	16.77	16.31	16.49
	Cu	13.81	14.90	14.77	14.49	11.20	11.75	13.95	12.30
	Ga	11.09	12.42	11.06	11.52	9.85	10.50	10.60	10.32
	Pb	11.77	13.36	12.15	12.43	11.15	9.69	11.21	10.68
	Nb	8.92	10.37	9.52	9.60	9.23	9.48	8.80	9.17
	As	10.05	10.50	10.77	10.44	7.59	8.17	9.62	8.46
	总含量	1995.60	2285.28	2163.01	2147.95	2002.73	2076.63	2037.97	2039.11

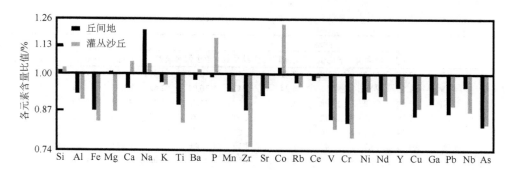

图 7.5 定边与盐池丘间地沉积物各元素含量的比值

7.4.2 灌丛沙丘剖面地球化学元素组成分析

灌丛沙丘沉积物中，常量和微量化学元素总含量平均值在盐池分别为97.48%和2070.94μg/g，在定边分别为97.91%和1996.30μg/g（表7.13），两个极其相近。但与丘间地相比，常量化学元素总含量均明显偏高，微量化学元素总含量均明显偏低。表明元素组成与粒度组成一样，两个灌丛沙丘的相似程度要高于相应的丘间地。灌丛沙丘沉积物中各元素含量变异系数均较小（表7.13），最大不超过17%，含量最高的 SiO_2 变异系数约仅为3%，全部元素平均约为8%，反映了灌丛沙丘发育以来其沉积过程简单，沉积环境相对稳定。

表 7.13 灌丛沙丘沉积物常量化学元素和微量化学元素含量

元素		盐池					定边				
		最小值	最大值	平均值	标准偏差	变异系数	最小值	最大值	平均值	标准偏差	变异系数
常量化学元素含量/%	SiO_2	70.58	79.46	76.95	1.71	2.23	74.23	82.22	78.73	2.47	3.14
	Al_2O_3	8.42	9.75	8.97	0.23	2.61	7.54	8.93	8.15	0.36	4.41
	Fe_2O_3	2.56	3.26	2.77	0.15	5.27	1.92	2.70	2.29	0.22	9.55
	MgO	0.95	1.48	1.09	0.10	8.96	0.73	1.22	0.94	0.14	15.02
	CaO	2.40	4.82	3.01	0.46	15.24	2.23	4.14	3.15	0.51	16.36
	Na_2O	2.10	2.39	2.29	0.04	1.96	2.07	2.76	2.38	0.22	9.27
	K_2O	2.03	2.16	2.12	0.03	1.20	1.96	2.09	2.04	0.03	1.53
	TiO_2	0.25	0.32	0.28	0.02	5.92	0.20	0.27	0.23	0.02	8.71
	总含量	89.29	103.64	97.48	2.74	43.39	90.88	104.33	97.91	3.97	67.99
微量化学元素含量/(μg/g)	Ba	489.75	524.77	506.72	8.07	1.59	482.73	540.60	515.51	14.21	2.76
	P	253.23	437.87	288.11	33.96	11.79	264.32	394.99	326.12	38.02	11.66
	Mn	288.91	405.96	318.09	23.46	7.38	247.49	355.50	298.20	31.75	10.65
	Zr	198.29	472.11	279.96	46.53	16.62	165.24	310.55	206.10	29.03	14.09
	Sr	166.71	214.27	181.18	8.88	4.90	156.03	189.81	172.13	8.98	5.22
	Co	77.87	176.25	120.43	17.74	14.73	108.55	217.66	142.56	24.07	16.88
	Rb	69.05	77.01	73.73	1.42	1.92	67.87	72.98	70.42	1.49	2.12
	Ce	54.98	77.75	65.76	4.61	7.01	56.11	78.68	65.19	5.43	8.33

续表

元素		盐池					定边				
		最小值	最大值	平均值	标准偏差	变异系数	最小值	最大值	平均值	标准偏差	变异系数
微量化学元素含量/(μg/g)	V	50.46	65.77	55.88	3.62	6.49	36.87	54.47	44.73	4.67	10.44
	Cr	48.85	74.10	57.17	4.24	7.42	36.91	52.62	43.99	4.01	9.11
	Ni	27.52	34.33	29.98	1.28	4.28	24.92	36.97	28.14	2.17	7.71
	Nd	15.16	26.77	20.78	2.76	13.30	12.10	24.77	18.85	3.22	17.11
	Y	15.34	20.79	17.36	1.31	7.57	13.03	18.86	15.53	1.51	9.72
	Cu	10.95	16.77	13.49	1.11	8.19	9.43	14.51	11.81	1.25	10.62
	Ga	9.90	12.33	10.89	0.50	4.61	8.97	11.02	10.12	0.48	4.74
	Pb	8.65	15.63	11.11	1.30	11.72	7.24	12.47	9.84	1.27	12.83
	Nb	9.30	12.50	10.41	0.71	6.78	7.77	10.66	8.98	0.78	8.69
	As	8.56	11.10	9.89	0.51	5.20	6.32	9.87	8.08	0.73	8.99
总含量		1803.48	2076.08	2070.94	162.94	141.50	1711.90	2406.99	1996.30	173.07	171.67

注：变异系数单位为%。

7.4.3　不同沉积物化学元素组成的对比分析

1. 毛乌素沙地不同沉积物化学元素组成的对比分析

与盐池灌丛沙丘相比，定边灌丛沙丘沉积物中 SiO_2 含量略高，其他大部分元素（约 77%）含量偏低（图 7.5），其中，Fe_2O_3、MgO、TiO_2 等 42%的元素含量均偏低 10%以上。与丘间地相比，灌丛沙丘沉积物中均大部分（58%以上）元素含量偏低（图 7.6），且 MgO、CaO 和 P 等化合物或元素含量均偏低 10%以上。在盐池丘间地、灌丛沙丘和定边丘间地、灌丛沙丘沉积物中，大部分元素含量与细颗粒物含量一样，均呈递减趋势。

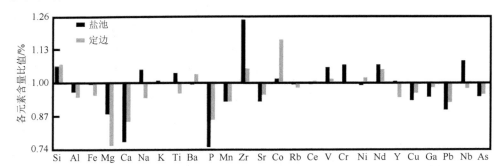

图 7.6　灌丛沙丘与丘间地沉积物各元素含量的比值

母岩成分、淋溶迁移和生物吸附作用及粒度效应是影响不同沉积物间化学元素含量差异的因素。研究区地貌类型属于发育于干涸湖盆河道上的风沙地貌，母岩成分一致。分析表明，定边灌丛沙丘上部（80～160cm）和下部（0～80cm）沉积物中值粒径分别为 141μm 和 124μm，下部沉积物中大部分元素含量偏高（图 7.7），有可能因向下的淋溶迁移作用导致。但盐池灌丛沙丘上部

（120～240cm）和下部（0～120cm）沉积物中值粒径分别为 103μm 和 114μm，下部沉积物中大部分元素含量却偏低（图 7.7）。此外，分析发现，巴丹吉林沙漠不同类型沙丘沉积物中大部分元素含量与细颗粒物含量均比丘间地偏高（图 7.8）。因此，淋溶迁移作用不可能是导致研究区不同风成沉积物间元素含量差异的主要原因，这可能与研究区降水量较少或灌丛沙丘发育时间较短有关。

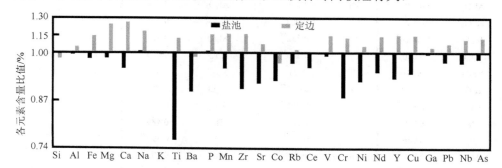

图 7.7　灌丛沙丘剖面下部和上部沉积物各元素含量的比值

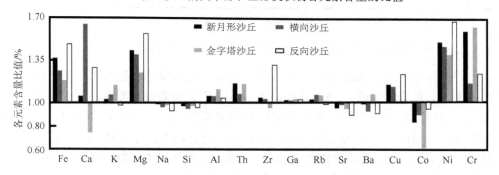

图 7.8　巴丹吉林沙漠各类型沙丘与丘间地沉积物各元素含量的比值

数据源自李恩菊，2011

　　开挖剖面显示，除灌木外，两个灌丛沙丘植被主要为浅根性草本植物，灌丛沙丘内部几乎全部由风成沙组成，灌木根系极为疏松（彩图 10），即灌丛沙丘上部沉积物生物量明显高于下部。但定边灌丛沙丘上部沉积物中大部分元素含量低于下部（图 7.8）；此外，与丘间地相比，灌丛沙丘植被盖度明显偏高，但大部分元素含量却偏低。因此，生物吸附作用也不可能是导致研究区不同风成沉积物间元素含量差异的原因。但研究区及巴丹吉林沙漠不同沉积物间元素含量的差异均与粒度关系密切，即细颗粒物含量越高的沉积物，其大部分元素含量均偏高，表明研究区不同沉积物间元素含量差异主要与粒度组成有关，即受粒度效应控制。相关性分析也显示（表 7.14），盐池和定边灌丛沙丘沉积物中值粒径除与 SiO_2 含量显著正相关外，与其他大部分元素含量均显著负相关，表明大部分元素易在细颗粒物中富集（Xiong et al.，2010；饶文波等，2005）。

表 7.14　灌丛沙丘沉积物各元素含量与中值粒径的相关系数

盐池				定边			
元素	相关系数	元素	相关系数	元素	相关系数	元素	相关系数
SiO$_2$	0.847**	Co	0.469**	SiO$_2$	0.792**	Co	-0.280
Al$_2$O$_3$	-0.726**	Rb	-0.676**	Al$_2$O$_3$	-0.584**	Rb	-0.390**
Fe$_2$O$_3$	-0.825**	Ce	0.003	Fe$_2$O$_3$	-0.755**	Ce	-0.522**
MgO	-0.835**	V	-0.752**	MgO	-0.726**	V	-0.297*
CaO	-0.836**	Cr	-0.700**	CaO	-0.829**	Cr	-0.468**
Na$_2$O	-0.781**	Ni	-0.215	Na$_2$O	-0.086	Ni	-0.483**
K$_2$O	0.162	Nd	-0.474**	K$_2$O	-0.035	Nd	-0.517**
TiO$_2$	-0.819**	Y	-0.812**	TiO$_2$	-0.513**	Y	-0.611**
Ba	0.763**	Cu	-0.720**	Ba	-0.489**	Cu	-0.718**
P	-0.746**	Ga	-0.533**	P	-0.590**	Ga	-0.283
Mn	-0.818**	Pb	-0.369*	Mn	-0.507**	Pb	-0.648**
Zr	-0.646**	Nb	-0.744**	Zr	-0.413**	Nb	-0.613**
Sr	-0.845**	As	-0.578**	Sr	-0.507**	As	-0.514**

注：**和*分别表示通过0.01和0.05显著性检验水平，均为双尾检验。

2. 毛乌素沙地与其他区域沉积物化学元素组成的对比分析

萨拉乌苏河流域米浪沟湾剖面不同沉积相、化德灌丛沙丘及上陆壳（UCC）部分化学元素含量见表 7.15。总体而言，各元素分布曲线在灌丛沙丘、丘间地及米浪沟湾剖面各沉积相等这些风成沉积物间较相似，与 UCC 间差异明显（图 7.9），表明这些风成沉积物来源均不广泛，并未经过充分混合，应主要为近源沉积物。与 UCC 相比，上述风成沉积物中 Si、Mn 和 As 均呈富集现象，其他大部分元素均呈亏损现象，富集和亏损的元素约分别占21%和79%。

表 7.15　不同风成沉积物及上陆壳(UCC)常量化学元素和微量化学元素平均含量

元素		化德灌丛沙丘	萨拉乌苏河流域米浪沟湾剖面			UCC
			D	FD	LS	
常量化学元素平均含量/%	SiO$_2$	75.11	84.65	79.05	73.32	66.00
	Al$_2$O$_3$	10.23	6.92	8.27	8.91	15.20
	Fe$_2$O$_3$	2.55	1.73	2.27	2.96	5.00
	MgO	0.93	1.73	2.05	2.05	2.20
	CaO	1.61	0.50	0.89	1.21	4.20
	Na$_2$O	1.95	1.85	1.70	1.79	3.90
	K$_2$O	2.74	0.99	2.29	3.40	3.40
	TiO$_2$	0.24	0.29	0.36	0.43	0.50
微量化学元素平均含量/(μg/g)	P	505.91	172.55	271.46	382.37	500.00
	Mn	402.96	180.92	283.93	366.45	60.00

续表

元素		化德灌丛沙丘	萨拉乌苏河流域米浪沟湾剖面			UCC
			D	FD	LS	
微量化学元素 平均含量 /(μg/g)	Zr	187.02	130.56	180.86	217.37	190.00
	Sr	167.47	143.40	193.16	199.51	350.00
	Rb	86.77	61.29	71.93	74.16	112.00
	V	49.89	29.11	41.26	53.61	60.00
	Ni	18.01	9.80	13.02	18.74	20.00
	Cu	14.73	4.05	7.08	10.70	25.00
	Pb	6.43	9.76	12.59	13.92	20.00
	Nb	5.99	7.48	8.51	10.26	25.00
	As	8.26	4.90	8.01	10.51	1.50

注：化德灌丛沙丘数据源于本书；萨拉乌苏河流域米浪沟湾剖面常量元素数据源于文献李恩菊，2011，微量元素数据源于文献姚春霞，2002；D、FD 和 LS 分别表示古流动沙丘、古固定-半固定沙丘和古土壤沉积；UCC 数据源于文献 Taylor 和 Mclennan，1985。

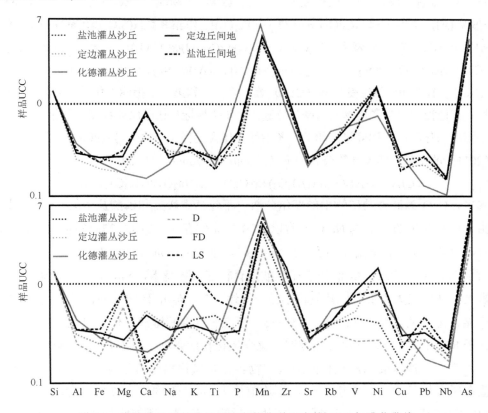

图 7.9　灌丛沙丘及其他风成沉积物化学元素的 UCC 标准化曲线

D、FD 和 LS 分别表示萨拉乌苏河流域米浪沟湾剖面古流动沙丘、古固定-半固定沙丘和古土壤沉积

相对而言，研究区两个灌丛沙丘沉积物元素组成的相似程度要高于相应的丘间地、化德灌丛沙丘及米浪沟湾剖面各沉积相，但灌丛沙丘与丘间地的相似程度要高于研究区灌丛沙丘与化德灌丛沙丘（图7.9）。此外，各元素分布曲线在研究区灌丛沙丘沉积物与米浪沟湾剖面各沉积相间均存在显著差异，可能因灌丛沙丘是一个相对独立的自然综合体，是岩石圈、大气圈和生物圈相互作用的连接点，与米浪沟湾剖面各沉积相均具有不一样的沉积环境所致。

7.5　毛乌素沙地灌丛沙丘丘间地及剖面化学风化强度分析

7.5.1　灌丛沙丘丘间地化学风化强度分析

化学风化是发生在岩石圈、生物圈、水圈和大气圈之间界面上的重要过程，包括岩石的风化过程与土壤的形成过程（黄镇国等，1996），反映其强度的指标主要有 $x(Si)/x(Al)$、硅铝铁率[$x(SiO_2)/x(Al_2O_3)+x(Fe_2O_3)$]、淋溶系数[$x(SiO_2)/x(CaO)+x(MaO)+x(K_2O)+x(Na_2O)$]、退碱系数[$x(CaO)+x(K_2O)+x(Na_2O)/x(Al_2O_3)$]、残积系数[$x(Al_2O_3)+x(Fe_2O_3)/x(CaO)+x(MgO)+x(K_2O)+x(Na_2O)$]、$x(Al)/x(Na)$、CPA[$x(Al_2O_3)/x(Al_2O_3)+x(Na_2O)×100$]和化学蚀变指数（CIA）等，第一个和第七个指标中化学元素为百分含量，其他指标化学氧化物均为摩尔分数，前4个指标与化学风化程度呈负相关，后4个指标与化学风化程度呈正相关，各指标具体含义详见李徐生等（2007）、Buggle 等（2011）的文献。CIA 计算公式如下（Nesbitt and Young，1982）：

$$CIA=\{x(Al_2O_3)/[x(Al_2O_3)+x(CaO^*)+x(Na_2O)+x(K_2O)]\}×100$$

式中，CaO^* 为硅酸盐矿物中的摩尔分数，不包括碳酸盐和磷酸盐中的 CaO 含量，由于硅酸盐中的 CaO 与 Na_2O 通常以 1：1 的比例存在，当 CaO 物质的量大于 Na_2O 时，可认为 $m_{CaO^*}=m_{Na_2O}$，而小于 Na_2O 时，则 $m_{CaO^*}=m_{CaO}$（McLennan，1993）。由于 Na、Ca、K 比 Al 活泼，在植被发育较好的环境下，Na、Ca、K 迁移而 Al 富集，其值较大，反之，其值较小。一般地，CIA 值介于 50～65，反映气候寒冷干燥、化学风化程度低；介于 65～85，反映气候温暖湿润、化学风化程度中等；介于 85～100，反映气候炎热潮湿、化学风化程度强烈（冯连君等，2003）。

毛乌素沙地灌丛沙丘丘间地沉积物各化学风化指标值见表 7.16，其中，CIA 值在所有样品中最大不超过 53，平均值接近 UCC 平均值（47.92），反映了丘间地沉积物基本未经历化学风化。与盐池丘间地相比，所有指标均显示定边丘间地沉积物化学风化强度更弱。

表7.16　毛乌素沙地灌丛沙丘丘间地沉积物各化学风化指标值

指标	盐池				定边			
	样品1	样品2	样品3	平均值	样品1	样品2	样品3	平均值
Si/Al	8.09	7.40	7.87	7.78	8.87	8.84	7.88	8.53
硅铝铁率	6.05	5.61	6.33	6.00	6.15	6.91	6.96	6.67
淋溶系数	8.31	7.09	7.61	7.67	7.80	8.09	7.24	7.71
退碱系数	0.86	0.89	0.90	0.88	0.99	0.95	0.94	0.96
残积系数	1.26	1.26	1.31	1.28	1.18	1.17	1.12	1.16
Al/Na	3.94	5.08	3.96	4.32	3.18	3.66	3.42	3.42
CPA	79.74	83.55	79.82	81.04	76.09	78.54	77.35	77.33
CIA	48.08	52.98	47.95	49.57	45.13	46.37	43.58	45.03

7.5.2　灌丛沙丘剖面化学风化强度分析

毛乌素沙地灌丛沙丘沉积物各化学风化指标值见表7.17，CIA值最小值、最大值和平均值在盐池分别为47、49和48，在定边分别为43、47和45，且变异系数极小，反映了灌丛沙丘发育以来其沉积过程简单、沉积环境相对稳定，并且其沉积物基本未经历化学风化。

表7.17　毛乌素沙地灌丛沙丘沉积物各化学风化指标值

指标	盐池					定边				
	最小值	最大值	平均值	标准偏差	变异系数	最小值	最大值	平均值	标准偏差	变异系数
Si/Al	7.24	9.35	8.58	0.39	4.57	8.35	10.78	9.69	0.70	7.19
硅铝铁率	5.43	7.09	6.56	0.33	5.00	6.44	8.61	7.59	0.63	8.30
淋溶系数	6.55	10.29	9.10	0.72	7.95	7.36	11.18	9.37	1.18	12.58
退碱系数	0.78	0.97	0.83	0.04	4.28	0.87	1.05	0.93	0.06	6.11
残积系数	1.20	1.46	1.38	0.05	3.50	1.11	1.31	1.23	0.06	5.04
Al/Na	3.71	4.17	3.92	0.08	2.16	3.08	3.81	3.44	0.24	6.89
CPA	78.76	80.68	79.65	0.35	0.44	75.48	79.20	77.41	1.21	1.56
CIA	46.60	49.34	47.69	0.50	1.06	42.89	46.77	44.80	1.23	2.74

与盐池灌丛沙丘相比，虽然定边气候相对暖湿，但各指标均显示定边灌丛沙丘沉积物化学风化强度更弱；与丘间地相比，虽然灌丛沙丘植被盖度偏高，但大部分指标显示灌丛沙丘沉积物化学风化强度更弱。上述分析表明淋溶迁移和生物吸附作用不是影响研究区不同风成沉积物间化学风化强度差异的主要原因。

大部分指标显示盐池丘间地、灌丛沙丘和定边丘间地、灌丛沙丘沉积物化学风化强度与细颗粒物含量一样，呈递减趋势。在巴丹吉林沙漠，各类型沙丘与丘间地沉积物也基本未经历化学风化，相对而言，大部分指标显示细颗粒物含量最少的丘间地沉积物化学风化强度更弱（表7.18）。相关性分析也显示，盐池和定边灌丛沙丘沉积物各化学风化指标值与中值粒径均显著相关（表7.19）。因此，研究区不同风成沉积物间化学风化强度差异应主要与粒度组成有关，即粗颗粒物含量越高的沉积物，其化学风化强度越弱。

表7.18　巴丹吉林沙漠不同沉积物各化学风化指标值

指标	新月形沙丘	横向沙丘	金字塔沙丘	反向沙丘	丘间地
Si/Al	10.38	10.14	9.86	10.42	11.24
硅铝铁率	8.21	8.15	8.09	8.05	9.33
淋溶系数	11.69	9.94	12.57	11.04	12.94
退碱系数	0.73	0.87	0.65	0.77	0.75
残积系数	1.42	1.22	1.55	1.37	1.39
Al/Na	4.09	4.19	4.35	4.27	3.84
CPA	80.35	80.75	81.31	81.04	79.35
CIA	48.15	48.38	51.20	49.17	46.85

李恩菊，2011。

表7.19　灌丛沙丘沉积物各化学风化强度指标与中值粒径的相关系数

指标	盐池相关系数	定边相关系数
Si/Al	0.767**	0.811**
硅铝铁率	0.800**	0.828**
淋溶系数	0.855**	0.854**
退碱系数	0.871**	0.769**
残积系数	−0.875**	−0.798**
Al/Na	−0.700**	−0.554**
CPA	−0.693**	−0.571**
CIA	−0.763**	−0.464**

注：**和*分别表示通过0.01和0.05显著性检验水平，均为双尾检验。

7.5.3　不同沉积物化学风化强度的对比分析

表7.20为其他风成沉积物各化学风化指标值。与化德灌丛沙丘相比，大部分指标显示盐池和定边灌丛沙丘沉积物化学风化强度更弱。调查表明，盐池、化德和定边灌丛沙丘植被盖度（分别约为90%、70%和50%）依次减小，1989～2012年年均降水量（分别为295mm、313mm、337mm）依次增加；与盐池和定边相比，

化德年均气温最低（3.4℃）、年均风速最强（3.4m/s）、灌丛沙丘沉积物中值粒径最大，且灌丛沙丘发育于开垦草地。因此，化德灌丛沙丘沉积物相对偏高的化学风化强度可能主要受母质成分影响，与气候条件、粒度效应以及淋溶迁移和生物吸附作用关系不大。

表 7.20　不同风成沉积物各化学风化指标值

指标	化德灌丛沙丘	萨拉乌苏河流域米浪沟湾剖面		
		D	FD	LS
Si/Al	7.34	12.23	9.57	8.23
硅铝铁率	5.88	9.79	7.50	6.18
淋溶系数	10.39	16.70	11.41	8.68
退碱系数	0.62	0.48	0.59	0.72
残积系数	1.77	1.71	1.52	1.40
Al/Na	5.25	3.74	4.86	4.98
CPA	83.99	78.91	82.95	83.27
CIA	53.03	57.99	54.61	50.31

注：化德灌丛沙丘数据源于本书；萨拉乌苏河流域米浪沟湾剖面常量元素数据源于文献李恩菊，2011，微量元素数据源于文献姚春霞，2002；D、FD 和 LS 分别表示古流动沙丘、古固定-半固定沙丘和古土壤。

与萨拉乌苏河流域米浪沟湾剖面各沉积相对比，大部分指标显示，定边灌丛沙丘、古流动沙丘、盐池灌丛沙丘、古固定-半固定沙丘、古土壤的化学风化强度呈递增趋势，而他们的平均粒径分别为 149μm、132μm、115μm、107μm 和 71μm，呈递减趋势，可能表明定边和盐池灌丛沙丘沉积物与米浪沟湾剖面各沉积相化学风化强度的差异主要与粒度组成有关。

7.6　毛乌素沙地风沙活动变化过程

7.6.1　灌丛沙丘剖面环境代用指标变化特征

1. 盐池灌丛沙丘剖面环境代用指标变化特征

1）粒度和有机质变化特征

分析表明，随高度增加，盐池灌丛沙丘沉积物敏感组分、平均粒径、中值粒径、砂和跃移组分呈波动减小趋势，黏土、粉砂及长期和短时悬移组分呈波动增加趋势（图 7.10），表明随着灌丛沙丘发育，其沉积物中粗颗粒物含量在波动减少，细颗粒物含量在波动增加。有机质含量与细颗粒物含量趋势一致，也在波动增加。变性跃移组分与其他组分不同，呈先增后减趋势，即在灌丛沙丘下部与长期和短时悬移组分的趋势一致，在灌丛沙丘上部与跃移组分的趋势一致（图 7.10），可能是在区域风力条件下，灌丛沙丘下部因粗颗粒物含量偏高，而上部因细颗粒物含量偏高，均导致粒径范围介于中间的变性跃移组分含量偏低。分选系数呈现与变性跃移组分相反的趋势，可能表明在区域风力条件下，灌丛沙丘沉积物中粗颗粒物或细颗粒物含量明显增加时，均会导致沉积物分选性变差。灌丛沙丘沉积物仅一个样品含有蠕移组分，但并非出现在灌丛沙丘底部，而是出现在约 220cm 高度处（图 7.10）。

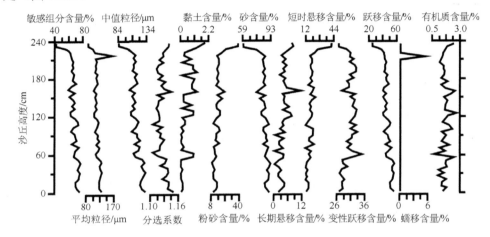

图 7.10　盐池灌丛沙丘剖面各粒度指标和有机质含量的垂直变化

2）元素和化学风化强度变化特征

随高度增加，随机选取的 8 种元素在盐池灌丛沙丘沉积物中，仅 SiO$_2$ 含量呈波动减小趋势，其他元素含量均呈波动增加趋势（图 7.11）；随机选取的 4 种化学风化强度指标中，Si/Al、硅铝铁率和淋溶系数均呈波动减小趋势，CIA 呈波动增加趋势（图 7.11），表明随着灌丛沙丘发育，其沉积物中大部分元素含量和化学风化强度与细颗粒物含量一样，均呈波动增加趋势。

2. 定边灌丛沙丘剖面环境代用指标变化特征

1）粒度和有机质变化特征

随高度增加，定边灌丛沙丘沉积物各指标均波动较大（图 7.12），其中，敏感组分、平均粒径、中值粒径、分选系数、砂和跃移组分大致呈增加趋势，黏土、粉砂、长期和短时悬移组分及变性跃移组分大致呈减小趋势，表明随着灌丛沙丘发育，沉积物中粗颗粒物含量大致增加，细颗粒物含量大致减少，且分选性变差。有机质含量与细颗粒物含量趋势一致，也波动减少。与盐池不同，定边灌丛沙丘沉积物变性跃移组分呈现与长期和短时悬移组分一致的趋势，可能由定边风力更为强劲所致。定边灌丛沙丘沉积物也仅一个样品含有蠕移组分，与盐池一样，并非出现在灌丛沙丘底部，而是出现在约 155cm 高度处（图 7.12），可能表明研究区灌丛沙丘沉积物中蠕移组分的加入具有较大偶然性。

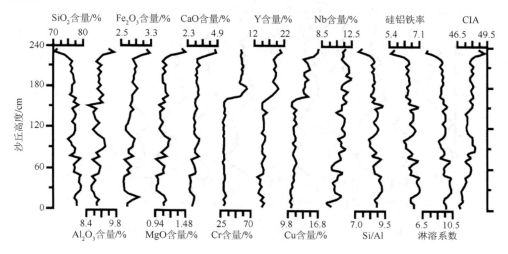

图 7.11　盐池灌丛沙丘沉积物部分元素含量和化学风化强度指标的垂直变化

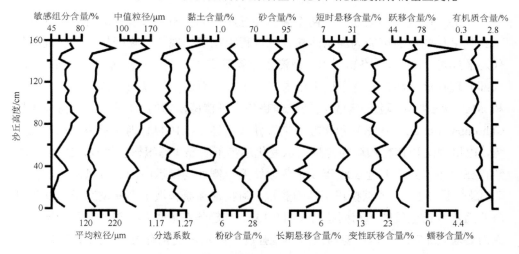

图 7.12　定边灌丛沙丘剖面各粒度指标和有机质含量的垂直变化

2）元素和化学风化强度变化特征

随高度增加，各指标在定边灌丛沙丘沉积物中波动也均较大（图 7.13），8 种元素中，仅 SiO_2 含量大致呈波动增加趋势，其他元素含量均大致呈波动减少趋势；4 种化学风化强度指标中，Si/Al、硅铝铁率和淋溶系数均大致呈波动增加趋势，CIA 大致呈波动减小趋势，表明随着灌丛沙丘的发育，其沉积物中大部分元素含量和化学风化强度与细颗粒物含量一样，均大致呈波动减小趋势。

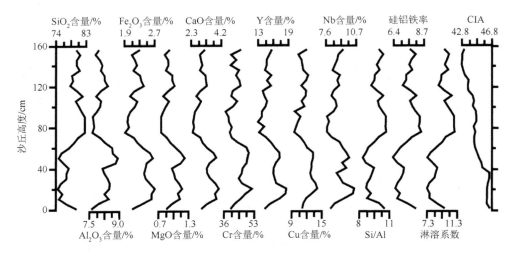

图 7.13　定边灌丛沙丘沉积物部分元素含量和化学风化强度指标的垂直变化

7.6.2　灌丛沙丘沉积物揭示的毛乌素沙地风化活动变化过程

AMS ^{14}C 测年结果显示，两个灌丛沙丘不同高度植物残枝样品均为现代碳，考虑到采集的样品可能为灌丛沙丘开挖过程中挖断的现代植物残枝，因此确切年代还需通过光释光、^{210}Pb、^{137}Cs 及灌木年轮等定年方法进一步确定。研究表明，大部分现存灌丛沙丘发育于近千年内（表 1.3），而近千年以来，古里雅冰芯 Ca^{2+} 和 Mg^{2+}含量指示风沙活动呈波动减弱趋势（姚檀栋，1997），敦德冰芯微粒含量（Thompson et al.，1993）和北方降尘事件（张德二，1984）则指示呈波动增强趋势，巴里坤湖积物粗颗粒物含量指示变化趋势不明显（薛积彬和钟巍，2008）。虽然存在上述差异，但近 300 年以来各载体无一例外均指示中国北方风沙活动在波动减弱（图 7.14），塔克拉玛干沙漠腹地、阿拉善高原和坝上高原发育于 700 年以内的灌丛沙丘也反映了相同趋势（图 7.15），该趋势在近百年，甚至近几十年以来更为显著（图 7.16），这可能与西风环流强度和降水量变化有关（王宁练等，2007）。因此，研究区灌丛沙丘沉积物各指标指示的盐池区域风沙活动与中国北方一致，呈波动减弱趋势，这也与毛乌素沙地近 50 年来的起沙风日数和沙尘天气日数一致（Wang et al.，2005）。但指示的定边区域风沙活动大致在波动增加，这可能因定边不合理人类活动使区域生态环境破坏后，改变了自然环境下的风沙活动强度。前文分析也发现坝上高原灌丛沙丘在草地开垦后沉积速率迅速增加。当然，单个灌丛沙丘不具有普遍意义，今后应在每个取样区域内选取多个灌丛沙丘，在精确定年基础上反演区域风沙活动历史，以使研究结论具有统计学意义。

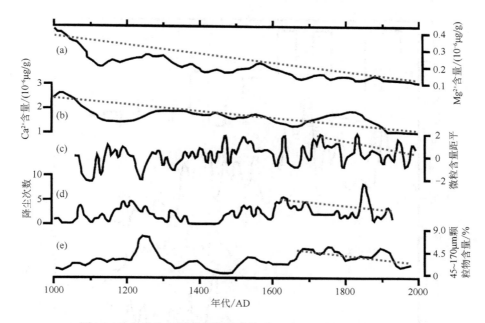

图 7.14 中国北方不同载体重建的 1000 年以来的风沙活动历史

（a）古里雅冰芯 Mg^{2+}含量（姚檀栋，1997）；（b）古里雅冰芯 Ca^{2+}含量（姚檀栋，1997）；（c）敦德冰芯微粒含量距平（Thompson et al.，1993）；（d）中国北方降尘记录（张德二，1984）；（e）巴里坤湖积物 45～170μm 颗粒物含量（薛积彬和钟巍，2008）。虚线表示线性拟合趋势

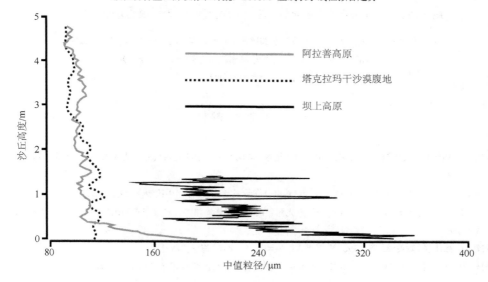

图 7.15 中国北方不同区域灌丛沙丘沉积物中值粒径随高度的变化

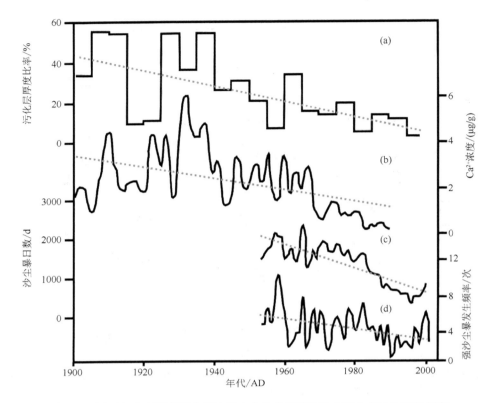

图 7.16　近百年来青藏高原北部冰芯中尘埃含量变化及中国北方沙尘天气频率

（a）马兰冰芯中污化层厚度比率；（b）敦德冰芯中 Ca^{2+} 浓度；（c）全国沙尘暴发生频率变化；
（d）中国北方强沙尘暴发生频率。虚线表示线性拟合趋势

王宁练等，2007

参 考 文 献

冯连君, 储雪蕾, 张启锐, 等. 2003. 化学蚀变指数（CIA）及其在新元古代碎屑岩中的应用. 地学前缘, 10(4): 539-544.

何清, 杨兴华, 霍文, 等. 2009. 库姆塔格沙漠粒度分布特征及环境意义. 中国沙漠, 29(1): 18-22.

胡凡根, 李志忠, 靳建辉, 等. 2013. 基于释光测年的福建晋江海岸沙丘粒度记录的风沙活动. 地理学报, 68(3): 343-356.

黄镇国, 张伟强, 陈俊鸿, 等. 1996. 中国南方红色风化壳. 北京: 海洋出版社.

靳建辉, 曹相东, 李志忠, 等. 2013. 艾比湖周边灌丛沙堆风沙沉积记录的气候环境演化. 中国沙漠, 33(5): 1314-1323.

李恩菊. 2011. 巴丹吉林沙漠与腾格里沙漠沉积物特征的对比研究. 西安: 陕西师范大学.

李徐生, 韩志勇, 杨守业, 等. 2007. 镇江下蜀土剖面的化学风化强度与元素迁移特征. 地理学报, 62(11):

1174-1184.

李占宏, 海春兴, 丛艳静. 2009. 毛乌素沙地表土粒度特征及其空间变异. 中国水土保持科学, 7(2): 74-79.

隆浩, 王乃昂, 李育, 等. 2007. 毛乌素沙地北缘泊江海子剖面粒度特征及环境意义. 中国沙漠, 27(2): 187-193.

钱广强, 董治宝, 罗万银, 等. 2011. 巴丹吉林沙漠地表沉积物粒度特征及区域差异. 中国沙漠, 31(6): 1357-1364.

饶文波, 杨杰东, 陈骏, 等. 2005. 北方风尘中 Sr-Nd 同位素组成变化的影响因素探讨. 第四纪研究, 25(4): 531-532.

任明达, 王乃梁. 1981. 现代沉积环境概论. 北京: 科学出版社.

孙东怀. 2000. 中国黄土粒度的双峰分布及其古气候意义. 沉积物学报, 18(3): 327-335.

王宁练, 姚檀栋, 羊向东, 等. 2007. 冰芯和湖泊沉积记录所反映的20世纪中国北方沙尘天气频率变化趋势. 中国科学(D辑), (03): 378-385.

王涛. 2003. 中国沙漠与沙漠化. 石家庄: 河北科学技术出版社.

王赞红. 2003. 现代尘暴降尘与非尘暴降尘的粒度特征. 地理学报, 58(4): 606-610.

徐树建, 潘保田, 高红山, 等. 2006. 末次间冰期-冰期旋回黄土环境敏感粒度组分的提取及意义. 土壤学报, 43(2): 183-189.

薛积彬, 钟巍. 2008. 干旱区湖泊沉积物粒度组分记录的区域沙尘活动历史: 以新疆巴里坤湖为例. 沉积学报, 26(4): 647-669.

姚春霞. 2002. 米浪沟湾剖面150ka BP以来微量元素的高分辨率环境演变记录. 广州: 华南师范大学.

姚檀栋. 1997. 古里雅冰芯近2000年来气候环境变化记录. 第四纪研究, (1): 52-61.

张德二. 1984. 我国历史时期以来降尘的天气气候学初步分析. 中国科学(B辑), (3): 278-288.

张萍, 哈斯, 岳兴玲, 等. 2008. 白刺灌丛沙堆形态与沉积特征. 干旱区地理, 31(6): 926-932.

张宇红, 李保生, 靳鹤龄, 等. 2001. 萨拉乌苏河流域150 ka BP以来的粒度旋回. 地理学报, 56(3): 332-344.

赵澄林. 2001. 沉积岩石学. 北京: 石油工业出版社.

赵东波. 2009. 常用沉积物粒度分类命名方法探讨. 海洋地质动态, 25(8): 41-44.

赵元杰, 宋艳, 夏训诚, 等. 2009. 近150年来罗布泊红柳沙包沉积纹层沙物质粒度特征. 干旱区资源与环境, 23(12): 103-107.

BOLLING J D, WALKER L R. 2002. Fertile island development around perennial shrubs across a Mojave Desert chronosequence. Western North American Naturalist, 62(1): 88-100.

BUGGLE B, GLASER B, HAMBACH U, et al. 2011. An evaluation of geochemical weathering indices in loess-paleosol studies. Quaternary International, 240(1): 12-21.

MCLENNAN S M. 1993. Weathering and global denudation. The Journal of Geology, 101(2): 295-303.

MCTAINSH G H, NICKLING W G. 1997. Dust deposition and particle size in Mali, West Africa. Catena, 29: 307-322.

NESBITT H W, YOUNG G M. 1982. Early proterozoic climates and plate motions inferred from major element chemistry of lutites. Nature, 299: 715-717.

PYE K. 1987. Aeolian Dust and Dust Deposits. London: Academic Press.

RANGO A, CHOPPING M, RITCHIE J, et al. 2000. Morphological characteristics of shrub coppice dunes in desert grasslands of southern New Mexico derived from scanning LIDAR. Remote Sensing of Environment, 74(1): 26-44.

SIX J, CONANT R T, PAUL E A, et al. 2002. Stabilization mechanisms of soil organic matter: Implications for C-saturation of soils. Plant and Soil, 241(2): 155-176.

SUN D H, BLOEMENDAL J, REA D K, et al. 2002. Grain-size distribution function of polymodal sediments in hydraulic and Aeolian environments, and numerical partitioning of the sedimentary components. Sedimentary Geology, 152(3-4): 263-277.

TAYLOR S R, MCLENNAN S M. 1985. The Continental Crust: Its Composition and Evolution. London: Blackwell.

TENGBERG A. 1995. Nebkha dunes as indicators of wind erosion and degradation in the Sahel zone of Burina Faso. Journal of Arid Environments, 30(3): 265-282.

THOMPSON E M, THOMPSON L G, DAI J, et al. 1993. Climate of the last 500 years: High resolution ice core records. Quaternary Science Reviews, 12: 419-430.

WANG X M, CHEN F H, DONG Z B, et al. 2005. Evolution of the southern Mu Us Desert in north China over the past 50 years: an analysis using proxies of human activity and climate parameters. Land Degradation & Development, 16(4): 1-16.

WANG X, CHEN F, ZHANG J, et al. 2010. Climate, desertification, and the rise and collapse of China's historical dynasties. Human Ecology, 38(1): 157-172.

XIONG S F, DING Z L, ZHU Y J, et al. 2010. A ~6Ma chemical weathering history, the grain size dependence of chemical weathering intensity, and its implications for provenance change of the Chinese loess-red clay deposit. Quaternary Science Reviews, 29: 1911-1922.

第8章 主要结论与展望

8.1 主 要 结 论

本书对塔克拉玛干沙漠腹地、阿拉善高原、坝上高原和毛乌素沙地 4 个地区的灌丛沙丘进行了取样分析,并对这些区域的气候环境变化历史进行了重建。通过对塔克拉玛干沙漠腹地塔中地区典型柽柳灌丛沙丘沉积物进行粒度、碳酸盐含量,以及柽柳植物残体 $\delta^{13}C$ 等分析,结合周边地区气候环境变化研究记录,揭示了沙漠腹地近 700 年来高分辨率的风沙环境变化史及近 500 年来的水分条件变化历史,并讨论了沙漠腹地柽柳灌丛沙丘特殊的形成发育过程;通过对阿拉善高原柽柳灌丛沙丘沉积物粒度、植物残体和现生柽柳叶片 $\delta^{13}C$ 分析,重建了该区域近几个世纪以来风沙环境和水分条件变化史;在坝上高原,分析了小叶锦鸡儿灌丛沙丘沉积物粒度、TOC 含量、TN 含量、C/N 值和 Zr/Rb 值等气候环境代用指标,结合器测气象数据以及区域的土地开垦史等,重建了区域近 80 年来风沙活动强度和化学风化强度变化历史,并指出风沙活动强度变化在沙漠化过程中的作用,恢复了近 80 年来的区域沙漠化过程;在毛乌素沙地西南缘,挖取了两个白刺灌丛沙丘,分析了沙丘剖面和丘间地沉积物的粒度组成、有机质含量、地球化学元素组成和化学风化强度的特征及其成因,并探讨了灌丛沙丘发育以来区域的风沙活动变化过程。

8.1.1 塔克拉玛干沙漠腹地风沙环境及水分条件变化过程

1. 塔克拉玛干沙漠腹地近 700 年来的风沙环境变化过程

在塔克拉玛干沙漠腹地地区,灌丛沙丘的起源与其他干旱半干旱地区有一定的差异,灌丛沙丘可在流动沙丘/沙片上发育而成。近 700 年来,灌丛沙丘沉积物粗颗粒组分百分含量和中值粒径随沙丘高度增长表现出下降趋势。通过现代器测数据的对比分析,确定了灌丛沙丘沉积物的粒度特征对区域气候环境变化的指示意义,揭示了 700 年来区域有 5 次风沙活跃期,即 1485～1565AD、1645～1690AD、1765～1825AD、1865～1930AD 和 1970～1985AD。虽然塔克拉玛干沙漠的风系主要受西伯利亚高压控制,风环境变化与西伯利亚高压变化趋势比较一致,但由于地方性风系发育,使得塔克拉玛干沙漠的风环境与中亚其他地区存在一定差异。此外,在其他区域,碳酸盐含量变化可能记录的是区域降水变化,但在塔克拉玛干沙漠腹地,灌丛沙丘沉积物碳酸盐含量的变化主要指示蒸发量的变化,进而揭示区域风化强度和成壤作用的强弱。

2. 塔克拉玛干沙漠腹地近 500 年来的水分条件变化过程

通过对灌丛沙丘剖面中植物残体 $\delta^{13}C$ 变化的分析,本书初步展示了塔克拉玛干沙漠腹地 1550AD 以来水分条件的变化情况。结果表明,在 1570～1780AD 和 1940～2010AD 两个时期,沙漠腹地水分条件较好,期间也存在多次水分条件变差的事件;而 1780～1850AD,尤其是 1815～1845AD 年间塔克拉玛干沙漠腹地水分条件是近 500 年来最差的时期。

由于沙漠腹地降水量极低,其变化对研究区水分条件变化的影响较小。塔克拉玛干沙漠腹地水分条件与塔里木盆地周边山体,尤其是昆仑山北坡的温度变化有密切联系。这主要是由于昆仑山北坡的温度变化对冰川、冰雪消融有重大的影响,影响了塔克拉玛干沙漠南部河流的径流量,进而控制沙漠腹地地下水位的变化。目前的研究结果表明,虽然全球变暖有利于塔克拉玛干沙漠腹地生态环境的恢复,但这可能只是山地冰雪消融过程中所产生的短期效应。

8.1.2 阿拉善高原灌丛沙丘形成发育与区域气候环境变化过程

通过灌丛沙丘沉积物及其中的植物残体,综合多种气候环境变化代用指标,本书重建了近几个世纪以来阿拉善高原灌丛沙丘的发育过程以及气候环境变化过程。近几个世纪以来,阿拉善高原额济纳地区经历了三个水分条件有显著变化的阶段:剖面深度 480～215cm、210～55cm 和 50～0cm 阶段;五个风沙活动强度有明显变化的阶段:剖面深度 450～400cm、395～270cm、265～175cm、170～95cm 和 90～0cm 阶段。在这一地区,灌丛沙丘的发育过程可划分为起源、发展和衰退三个阶段,在灌丛沙丘发育的不同阶段,区域风环境、水分条件以及物源变化等对其均有不同的影响。

8.1.3 坝上高原近 80 年来的风沙活动变化及沙漠化过程

通过对坝上高原化德地区灌丛沙丘沉积物粒度特征、TOC 含量、TN 含量、C/N 值、Zr/Rb 值、CIA、CPA、Al_2O_3 含量、Fe/Sr 和 K_2O/Na_2O 等代用指标的分析,结合测年结果、草原开垦史和器测资料,本书揭示了研究区近 80 年来的风沙活动变化和沙漠化过程。研究结果表明,20 世纪 30 年代末期至 50 年代初期,50 年代后期至 80 年代中后期,90 年代中后期以及 21 世纪初期,坝上高原处于风沙活动的活跃期,但在 20 世纪 60 年代中期有一短暂的风沙活动低谷期;80 年代末期至 90 年代中前期是近 80 年来风沙活动的最低谷期。在坝上高原地区,水分条件较好的时期分别是 50 年代至 80 年代、90 年代中后期,以及 21 世纪初期。沙漠化发展过程与区域水分条件等的变化并不一致,而与区域风沙活动变化有密切联系。在这一地区，过去近 80 年来，区域主要经历了 20 世纪 30 年代末期至 50 年代初期，50 年代后期至 80 年代中后期，90 年代中后期和 21 世纪初的沙漠化迅速发展期，以及 80 年代末期至 90 年代中前期的沙漠化逆转期。

8.1.4　毛乌素沙地灌丛沙丘沉积物特征及风沙活动变化过程

以位于毛乌素沙地西南缘的白刺灌丛沙丘为研究对象，分析了其垂直剖面沉积物粒度组成、有机质含量、元素组成和化学风化强度的特征及其成因。研究表明，以跃移运动为主的极细砂和细砂是灌丛沙丘沉积物中最主要和最稳定的组成部分；在风力分选作用下，不同灌丛沙丘沉积物粒度和元素组成的相似程度要高于相应丘间地；灌丛沙丘沉积物主要源自丘间地，远源物质含量小于 3%。与丘间地相比，灌丛沙丘沉积物含有更多跃移和变性跃移运动的细砂和极细砂；此外，受粒度组成差异影响，灌丛沙丘沉积物中有机质和大部分元素含量均偏低，化学风化强度更弱。灌丛沙丘沉积物中的有机质主要来自丘间地，少量来自灌丛沙丘上的植物残体；灌丛沙丘形成后，其周围丘间地有机质含量必然会降低，灌丛沙丘的出现可作为土地退化的指示。灌丛沙丘发育以来，沉积物特征指示的风沙活动强度在宁夏回族自治区盐池县沙地与中国北方灌丛沙丘整体表现一致，呈减弱趋势；但在陕西省定边县可能因人类活动影响，风沙活动强度呈波动增加趋势。总体而言，灌丛沙丘发育以来其沉积过程简单，沉积环境相对稳定，沉积物基本未经历化学风化。

8.2　问题与展望

本书通过对干旱半干旱区四个典型区域发育的灌丛沙丘剖面沉积物分析，在多指标相互验证手段下，分析了区域灌丛沙丘形成发育过程，并初步探讨了区域自取样灌丛沙丘形成以来的气候环境变化过程。本书的工作丰富了风沙地貌和干旱半干旱区环境变化的研究内容，为进一步理解干旱半干旱区高分辨环境变化提供了相应证据，但由于时间和手段等限制，仍存在许多不足和有待完善之处，主要表现在：

（1）年代序列问题。无可置疑，单一测年结果会影响年代序列的精确性。由于大多数灌丛沙丘仅有数百年历史，植物残体的存在为采用 AMS ^{14}C 测年提供了载体，但在未来的工作中，仍需结合 ^{210}Pb、^{137}Cs 等方法，建立更为可靠的年代序列。

（2）代用指标的环境指示意义。虽然采用多指标相互验证可以更合理地重建干旱半干旱区气候环境变化过程，但目前对不同代用指标指示意义的解释有一定差异，在将来的工作中，需进一步分析各代用指标对环境变化的敏感性和有效性，从而更为合理和精确地恢复区域气候环境变化过程。

（3）区域气候环境变化的差异性研究。虽然塔克拉玛干沙漠腹地、阿拉善高原、坝上高原和毛乌素沙地等均为干旱半干旱区，但从本书目前获得的研究结果看，还不能对不同区域气候环境变化过程差异性进行较为有效的对比。此外，由于时间和经费等限制，在这些地区，本书仅对单个沙丘体（毛乌素沙地为两个）进行了取样和分析。在未来工作中，在条件允许情况下，对区域进行广泛调查和取样分析，以及联系在不同区域获得的结果，探讨干旱半干旱区气候环境变化的空间差异，在高分辨率条件下对干旱半干旱区气候环境变化形成系统和全面的认识，也是干旱半干旱区研究中亟待解决的问题。

彩　　图

彩图 1　中国干旱半干旱区发育的灌丛沙丘

（a）河西走廊西端；（b）塔克拉玛干沙漠腹地；（c）毛乌素沙地西南缘

彩图 2　因条件不足而未形成灌丛沙丘的野外景观

（a）和（b）为风力不足；（c）和（d）为沙源不足

（c）源自文献 Dong et al.，2014；（d）源自文献 Chen et al.，2014

彩图3 毛乌素沙地不同发育阶段的白刺灌丛沙丘

（a）增长阶段；（b）稳定阶段；（c）衰退阶段

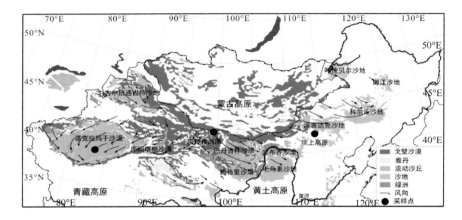

彩图4 塔克拉玛干沙漠、阿拉善高原、坝上高原和毛乌素沙地位置及本书采样点

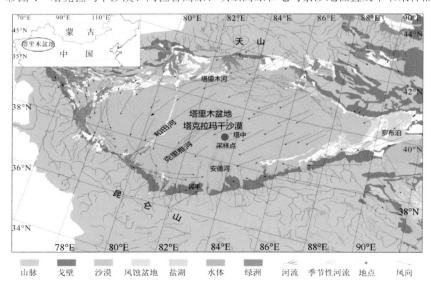

彩图5 塔里木盆地地形及采样点位置

彩图6　毛乌素沙地位置及西南缘分布的灌丛沙丘

彩图7　塔克拉玛干沙漠腹地塔中地区的取样灌丛沙丘开挖前后

（a）开挖前；（b）开挖后

彩图 8　阿拉善高原地区取样灌丛沙丘

（a）开挖前；（b）取样剖面位置

彩图 9　坝上高原化德地区选取的灌丛沙丘及取样剖面

彩图 10　毛乌素沙地灌丛沙丘开挖的剖面